ちくま新書

ヒトの心はどう進化したのか

——狩猟採集生活が生んだもの

1018

鈴木光太郎
Suzuki Kotaro

ヒトの心はどう進化したのか
——狩猟採集生活が生んだもの

【目次】

はじめに

†ヒトはどのような生き物か?

ちょっと時間をとって考えてみよう。ヒトはどのような生き物だろうか? ほかの動物となにが決定的に違うだろうか? ヒトをヒトたらしめているのは、どのような特徴だろうか? 考えるヒントとして、ヒトと近縁であるチンパンジーとはどこがどのように違うかを考えてみるとよいかもしれない。

(2分ほどのシンキングタイム)

この問いには、明確な正解があるわけではない。ただ、教科書的に大括りの答え方をするなら、大きな脳、直立二足歩行、言語と言語能力、道具の製作と使用、火の使用、文化の6点セットだろうか。

もっと細かな答え方をするなら、表1のようなリストになる。これは、どの文化や社会にも見られる特性、すなわちヒトが普遍的にもっている特性(人間の普遍的特性《ヒューマン・ユニヴァーサルズ》)として、

・自然環境の改変
・嫉妬
・死の認識
・使命感
・社会規範
・謝罪
・宗教
・祝宴
・呪術
・常識
・植物の栽培
・冗談
・親族体系
・身体装飾
・真理の追究
・神話
・数概念と計算
・正常と異常の区別
・性的覚醒
・性的慎み
・性的魅力
・世界観
・善悪の概念
・先生と生徒（師と弟子）
・先祖に対する礼、畏敬
・葬式
・相続の規則
・（食物やことばの）タブー
・通過儀礼
・地位と役割
・抽象模様
・彫刻
・作り笑い
・手先の器用さ
・伝統
・時を計るもの（時計）
・道具
　切る道具
　掘る道具
　叩く道具
　容器
　てこ、etc.
・動物（家畜）の飼育
・内集団と外集団（われわれとよそ者）
・長い成長期
・名前
・涙（泣く）
・日課
・二分法
・人形
・墓
・恥、恥しさ
・花を愛でる
・美的感覚
・皮肉
・フィクション（虚構）
・武器
・侮辱
・プライヴァシー
・文化の伝達
・分業（性や年齢による分業、職業）
・分類、分類体系
・右利き
・目標
・未来（未来に対する期待や不安）
・もてなし
・物語
・模倣（まね）
・約束や誓い
・指差し（指示）
・夢、夢の解釈
・流行
・料理
・ルール（法や掟）
・礼儀作法
・歴史
・笑い

表1　ヒトの特性

6大特徴
・大きな脳
・直立二足歩行
・言語と言語能力
・道具の製作と使用
・火の使用
・文化

ヒトのおもな特性
・アイコンタクト
・あいさつ
・愛の概念
・遊び
　隠れんぼ
　ごっこ遊び
　鬼ごっこ、etc.
・争い（それに対処するための協議方法、仲裁のしかた）
・医術
・遺体の埋葬
・一夫一妻（か一夫多妻）
・いないいないばあ
・衣服
・インセスト（近親相姦）の禁止
・嘘
・歌
・占い
・絵
・贈り物
・おとぎ話、昔話
・踊り
・思いやり、憐れみ
・おもちゃ
・飼いイヌ
・快楽のためのセックス
・顔による個人識別
・核家族を単位とした家族形態
・賭けごと
・（ものや恩義の）貸し借り
・過去の思い出
・過去・現在・未来の認識
・楽器
・髪型（ヘアスタイル）
・神や超自然的存在への信念
・感情の豊かさ（6つの基本感情）
・感情を隠す
・決まった食事時間
・教育システム（学校）
・競技スポーツ（走る、跳ぶ、投げる、闘う、団体競技、etc.）
・口笛
・経済活動（交換）
・芸術、造形
・毛が少ない
・結婚式
・言語
　擬音語や擬態語（オノマトペ）
　固有名詞
　比喩（メタファー）
　反義語
　数詞
　代名詞、etc.
・後悔
・幸福の概念
・ゴシップ
・ことわざ
・暦（カレンダー）
・娯楽
・財産
・殺人
・三者関係の認識
・詩歌
・自意識、自我
・時間の概念、時間の単位や区分
・自己犠牲
・自殺

アメリカの文化人類学者ドナルド・ブラウンがあげているなかから主要なものを引いてきたものだ（ただし、これらの特性は、ヒトにきわめて特徴的ということであって、ほかの動物にもあるものを排除していない）。そしてこのリストには、生物学的に見たヒトの特性もいくつか入れてある。全体として、動物のなかでヒトがどのように特殊かという一覧表のようなものだと思っていただくとよい。

とはいえ、表1は特性を並べただけで、漫然としているという感を否めない。そこでこれらのうちおもなものを「これぞヒト」というキャッチコピー風のワンフレーズで言い表してみることにする。表2がそれである。

私たち現生人類はホモ・サピエンスと呼ばれる。「賢いヒト」、あるいは「知恵あるヒト」を意味するラテン語の学名である。名づけ親は、18世紀半ばに生物の系統分類を行なったカール・フォン・リンネである。その下の化石人類の名称は、20世紀になって化石の発見時に研究者がつけた学名である。

それ以下の名称、ホモ・ナントカは、ヒトの特徴を端的に言い表すために、その道の専門家がつけたもので、いわばあだ名のようなものである。たとえば、ヒトをホモ・ファーベルと呼んだのは哲学者のアンリ・ベルクソンだ。ヒトをホモ・エコノミクスと名づけた

表2　ヒトの名称（学名とあだ名）

自称
ホモ・サピエンス（賢いヒト、知恵あるヒト）

化石人類の名称
ホモ・ハビリス（器用なヒト）
ホモ・エレクトゥス（直立するヒト）

これまでにつけられてきた名称
ホモ・ファーベル（ものを作るヒト）
ホモ・ロクエンス（しゃべるヒト、ことばを操るヒト）
ホモ・モビリタス（移動するヒト、旅するヒト）
ホモ・ソシアリス（社会的なヒト）
ホモ・レリギオスス（神や超自然的存在を信じるヒト）
ホモ・ルーデンス（遊ぶヒト、スポーツをするヒト）
ホモ・エステティクス（美を求めるヒト）
ホモ・ピクトル（絵を描くヒト）
ホモ・ムジカ（音楽をするヒト）
ホモ・エコノミクス（経済活動をするヒト）
ホモ・ポリティクス（政治をするヒト）
ホモ・リデンス（笑うヒト）
ホモ・パティエンス（悩むヒト）
バイオフィリア（ビオフィリア）（生き物好き）

あってもいい名称
ホモ・ラメントゥス（泣くヒト、涙を流すヒト）
ホモ・イミタトゥス（まねするヒト）
ホモ・コクウス（料理するヒト）

のは経済学者のアダム・スミス、ホモ・ルーデンスと称したのは文化史家のヨハン・ホイジンガである。これらに加えて、あってよさそうなものも末尾にあげておいた。

†ヒトの心の進化

いまこの地球上で私たちヒトにもっとも近縁の動物は、チンパンジーである。ヒトの祖先とチンパンジーの祖先とはおよそ600万年前に分かれて、別種の生き物になった。したがって、チンパンジーと私たちヒトとの間に違いがあるとすれば、それはこの600万年の間に生じた違いということになる。つまり、表1にあげた個々の特性のほとんどは、この600万年の間に私たちの祖先が獲得してきたものということになる。

第一部で述べるように、ヒトは、この600万年の間に、地球上にその生息地域を驚くほど広げ、さまざまな気候や風土、さまざまな環境条件に適応していった。ヒトの6大特徴やリストにあげたヒトの特性もそうした気候や環境への適応の過程で獲得してきたもの、すなわち「進化」の所産として考えることができる。

生き物は、まわりの環境に適応した——より適した姿形や行動様式をもった——個体が生き残り子孫を残すというプロセス（「自然淘汰」のプロセス）を何百・何千・何万世代繰り返すことを通して、集団としてのその生き物の身体や性質が変化してゆく。これが「進化」である。こうした進化によって形作られるのは、実は生き物の身体的特徴だけではない。その生き物の心の特性や能力も、環境への適応によって変化をとげる。心も進化の産物なのである。

では、ヒトの心は、この600万年の間にどのように形作られ、どのような進化をとげてきたのだろうか？ ほかの動物に比べ、その心はどのような点で特殊と言えるのだろうか？ これが本書のテーマである。

†三部の構成について

本書では、ヒトの心の進化を三部に分けて考えてゆく。三部の構成は以下のようになっている。

まず第一部では、現在の人類がどのようにして誕生したのかを見ながら、そのなかで、最初にあげた6大特徴――大きな脳、直立二足歩行、言語と言語能力、道具の製作と使用、火の使用、文化――について見てゆくことにする。そのなかで鍵になるのは、直立二足歩行である。これがなければ、おそらく道具の製作や使用も、火の使用も、そして言語や文化もありえなかっただろう。ホモ・ナントカで言うと、この第一部では、ホモ・モビリタス、ホモ・ファーベル、ホモ・コクウス、ホモ・ロクエンス、ホモ・ピクトルがあつかわれる。

第二部では、第一部の6大特徴を踏まえて、私が重要だと思うヒトの特性について見てゆくことにする。とりあげるのは、動植物に対する強い関心、遊びやスポーツ、性差と分業である。これらは、ヒトが長く狩猟採集の生活を送ってきたことの産物として考えるとよく理解できる。ここでは、バイオフィリアとホモ・ルーデンスがあつかわれる。

第三部では、ヒト特有の社会と社会性について考えながら、それを成り立たせているのが、他者の心を想定する私たちヒトの、そしておそらくはヒトだけの能力（「心の理論」と呼ばれる能力）と、言語能力だということを論じよう。ここであつかわれるのは、ホモ・ソシアリス、ホモ・ロクエンス、ホモ・イミタトゥス、ホモ・レリギオススの側面である。

†「ヒト」と「心」という用語について

本題に入るまえに、本書のタイトルにもある「ヒト」と「心」という用語について簡単に説明しておこう。

カタカナ書きの「ヒト」は生物学的な人間を指す。本書では、とくにほかの動物との比較を意識してこの表現を用いている。ヒトの行動や心の特性について言う場合には、ほかに「人間」、あえて種全体を言いたい場合には「人類」という表現も用いる。私たち現生人類を指して、「ホモ・サピエンス」とも表記する。個人を指す時にのみ、「人」と書くことにする。

心理学で言う「心」とは、感覚や知覚、学習、記憶、思考、推論、判断、知能、感情、欲求、動機などのプロセスを指す。これが狭義の「心」だ。本書では、それらに加えて、それらが生み出すもの、言語、行動、文化や社会までも含め、広い意味で用いている。乱暴な言い方をすると、「心」とは脳が生み出すものである。

このように書くと、広義の「心」はヒトの身体以外のものと読めそうだが、実は、この心（脳の産物）は身体と切り離して考えることもできない。なぜなら、心がなければ身体は動かず、身体がなければ心ははたらかないというだけでなく、第一部を読むとわかるように、私たちヒトの身体と心は、不可分な関係をもちながら進化してきているからだ。

†私たち自身をよく知ろう

もしかしたら、あなたは、ものを投げる、指差しをする、まねをする、嘘をつく、相手の心を読む、ありもしないことを考えるなどのことは、当然ほかの動物もやっていることだと思っているかもしれない。しかし、最近の研究からわかってきたのは、それらがヒトだけの特徴だということだ。日頃なにげなく行なっていることであるがゆえに、私たちはそれらが特別な能力であることになかなか気づかない。

日常でもそうだが、自分のことを自分がよく知らないことはよくある。本書でするのは、ヒトがどう進化してきたかを知るだけでなく、私たち自身をよく知るためのエクスカーションだ。

６００万年という時間の間に、ヒトはどのように出現し、どのような心をもつようになったのだろうか？　私たちは、動物のなかでどのように特殊なのだろうか？　では、始めることにしよう。

第一部

ヒトをヒトたらしめているもの

——ヒトの6大特徴

†600万年前——分岐点

ヒトの祖先はどのようにして現われ、現在のヒトへと進化をとげてきたのだろうか？まずはそれから見てゆこう。

ヒトは、哺乳類のなかの霊長類、その霊長類のなかの大型類人猿の一種だ。大型類人猿とは、オランウータン、ゴリラ、チンパンジーを指す。

分子進化学（生物間のDNA等の塩基配列の違いから、生物の類縁関係や種の分岐年代を研究する科学）での研究から、ヒトとこれらの大型類人猿の分岐年代が明らかにされている。古いほうから順にあげてゆくと、約1300万年前、オランウータンの祖先と、ゴリラ・チンパンジー・ヒトの共通祖先が枝分かれした。その後、約700万年前に、ゴリラの祖先と、チンパンジー・ヒトの共通祖先が枝分かれし、約600万年前に、チンパンジーの祖先とヒトの祖先が枝分かれする。

ヒトとチンパンジーの共通祖先がいたのは、東アフリカの大地溝帯と呼ばれる地域の赤道近くである。いまのケニアやタンザニアあたりだ。この地域からは、ヒトの祖先と考えられる化石や遺物が見つかる。ここで人類は誕生し、その幼少期を過ごした。いわば「ゆりかごの地」だ。

近くでは、チンパンジーの祖先が森林で樹上生活を送っていたが、一方、この私たちの祖先は、気候の乾燥化によって森林がサヴァンナ化しつつあった場所で生活するようになっていった。

すべては直立二足歩行から

私たちの祖先は、こうした開けたサヴァンナでの生活に適応した結果、360万年前にはすでに2本足で立って歩いていた。なぜそんなことがわかるのか。実は、足跡が残っているのだ（図1）。はるか昔の足跡がなぜ？　常識で考えると、ありえないことのように思える。実際、タンザニアで発掘調査をしていてこの足跡を発見した研究者も、それがそんなに古いものだとは思わなかった。ところが、1976年に行なわれた年代測定で、それが360万年前の足跡だということが判明する。

描けるのは次のようなストーリーだ。この遺跡の近くには、サディマン山という火山があり、360万年前も勢いよく噴火していたことがわかっている。ある時、夜の間に火山灰が平地に降り積もった。その後雨が降り、火山灰を湿らし、それはセメント状になった。

朝になってまだ太陽が顔を出さない頃に、どこへなにをしに行こうとしていたのか、私たちの祖先がその上を歩いて通り、足跡を残した。そのあとすぐに太陽が昇り、熱風が吹きわたって、湿った火山灰を乾かし、足跡は固まった。そしてそのあとすぐに、また火山灰が降り積もった。これが足跡を３６０万年間封印した。

図１　360万年前のヒトの祖先の足跡
タンザニア、ラエトリ遺跡。複数人（２人か３人）の足跡。明け方の散歩か。（それと同時ではないだろうが）ウマの祖先が通った足跡も横についている。アグニュー&ドマ（1999）より。

その頃の私たちの祖先は、背丈が私たちの3分の2ほどだった。当然、足も小さい。しかし、足跡の形そのものは現代の私たちのものとそう変わらない。つまり、中途半端に立って歩いていたのではなく、しっかりと2本足で立って地面を踏みしめ、歩いていたということになる。

樹上生活をする霊長類では、手と足の形はそう大きくは違わない。というのは、どちらも枝をつかむのに適した形になっているからだ。では、私たちはどうか。手と足を並べて、比べてみよう。形がかなり違うだろう（図2）。ひとことで言えば、手の指は長く、ものをつかんで操作するのに特化しているのに対し、足の指は短く、歩いたり走ったりするの

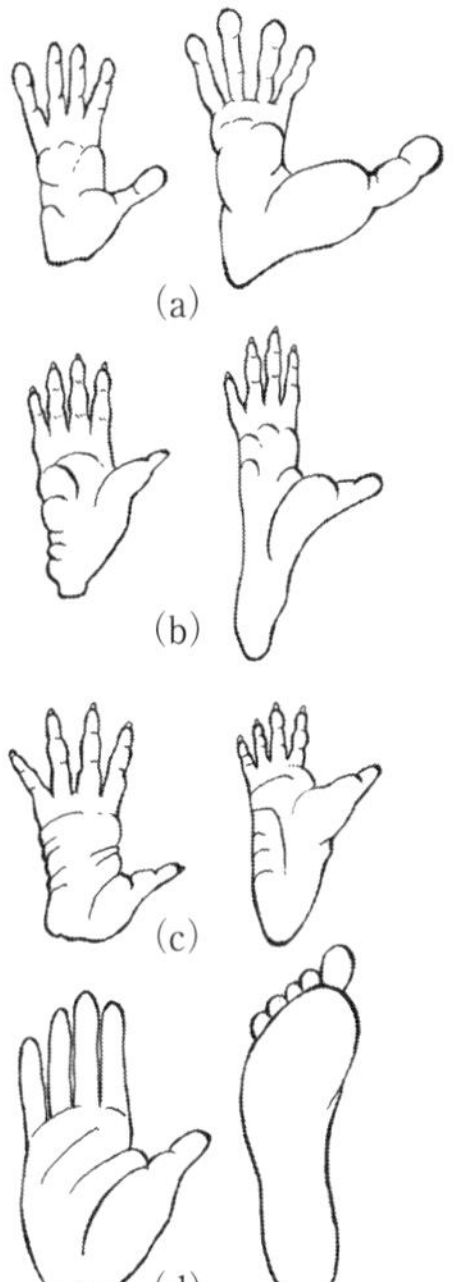

図2　霊長類の手と足
キツネザル(a)、オナガザル(b)、チンパンジー(c)、ヒト(d)。ルロワ＝グーラン（2012）より作成。

に適している。
足は、足裏の中央の部分がせりあがってアーチ状になり（土踏まずの部分だ）、この構造によって体重を支えるようになった。とくに足の親指は太い。歩いたり走ったりする時には、この親指に体重がかかり、推進力を生み出す。実際、足の親指を怪我してしまうと、歩くのがきわめて難しくなる。もうひとつ、それを実感する方法がある。チンパンジーのように歩いてみるのだ。親指に体重をかけずに、体重が足の外側にかかるようにして、歩行してみよう（図3）。どれぐらいうまく歩けるだろうか？

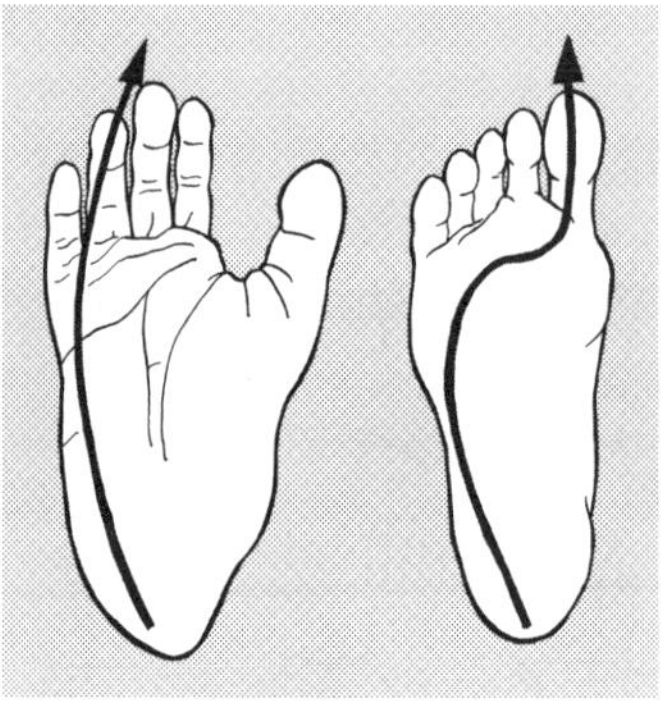

図3　足の形と体重のかかり方
左はチンパンジー、右はヒト。ウォルター（2007）より作成。

もちろん、直立二足歩行は、足の指だけではなく、直立姿勢も関係する（コラム1も参照）。図4はチンパンジーとヒトの骨格だ。両者を比べてみるとわかるように、チンパンジーは、地上を歩くことに適した骨格をしていない。彼らは、地上に降りた時には、長

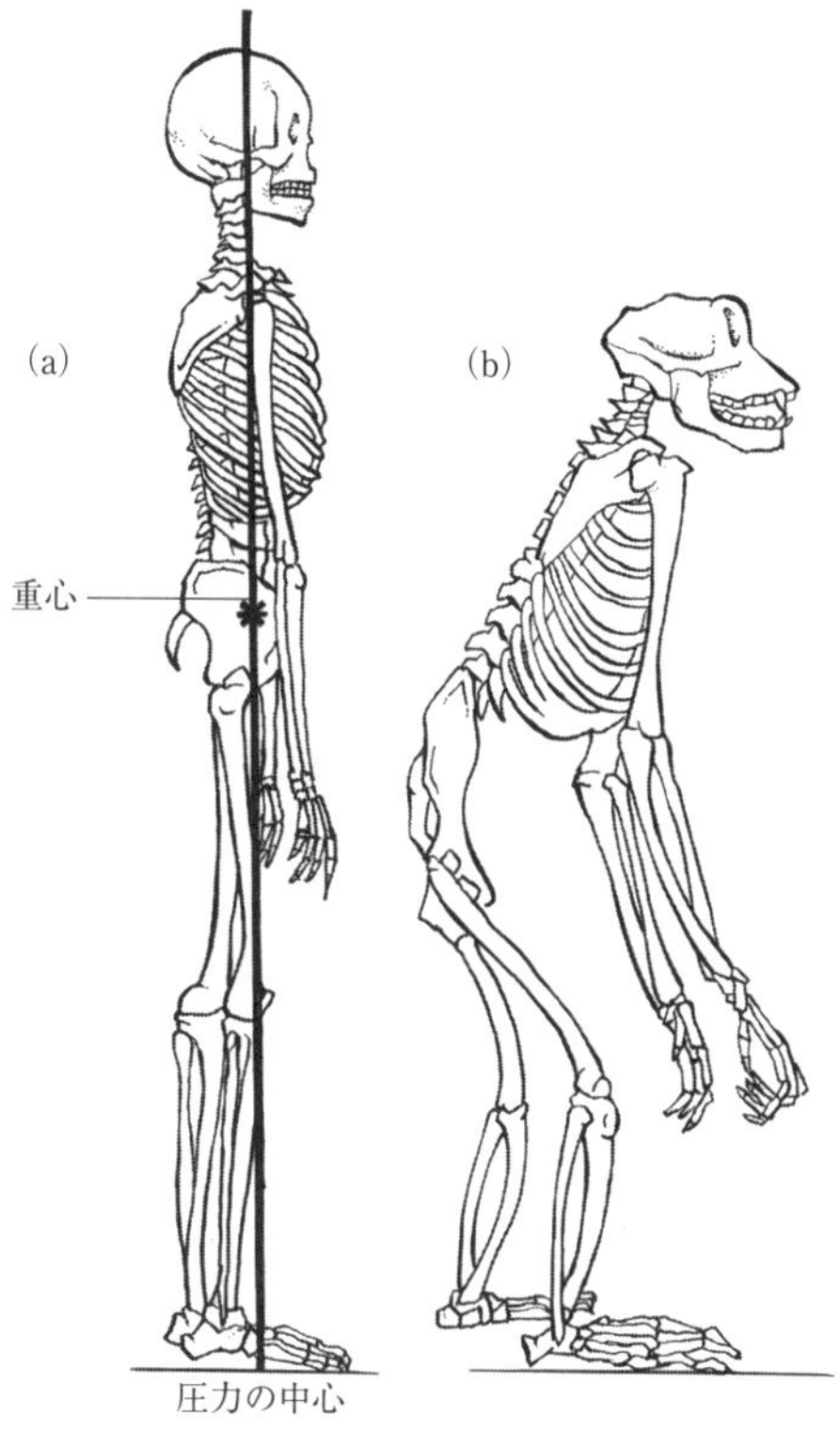

図４　ヒト（ａ）とチンパンジー（ｂ）の骨格の違い
Jones, Martin & Pilbeam (1994) より作成。

い腕を大きく振りながら、握った手の甲を地面につけて、移動する（これをナックル歩行という）。したがって、歩行をするには手も役目をはたさざるをえない。つまり、手はフリーになることが少なく、移動の際に手でものをもったり運んだりすることは難しい。それは、できたとしても、ほんの短い距離に限られるだろう。しかしヒトの場合には、手がフリーになる。以下で述べるように、ヒトにとって、これは法外な利点になった。

ヒトの直立二足歩行は、ひとことで言えば、サヴァンナへの適応の結果だ。背の低い草木のなかでは、2本足で立ち上がった姿勢での移動が有効だったろうし、直立すれば視点が高くなり、遠くまで見渡せただろう。それに、赤道直下の土地で、しかもサヴァンナのような開けた場所で日中に活動するには、身体の浴びる熱射の量をできるだけ減らす工夫が必要になるが、太陽光の入射角度と光量との関係では（さらに熱い地面からの放射熱の関係でも）、直立姿勢は、四足を地面につける水平の姿勢に比べ、浴びる光や熱の量を大幅に減らすことができただろう。

コラム1　二足直立歩行と腰痛

「ヒトは、四足から二足で直立歩行をするようになったため、腰痛という病をもつようになった」。よく耳にする俗説である。腰は上半身全体の重みを支えなければならなくなったので、年齢を重ねるにつれて、あるいは下手に身体を動かすなどして、腰に過度の負荷がかかると、腰を痛めてしまうというのだ。

この説明では、腰痛は二足直立歩行の負の遺産だということになる。しかし実際には、腰痛になることが多いのは、ふだんあまり歩いていない人たちだ。狩猟採集で日常的に歩き走り回っている人たちやマラソンランナーなどには、腰痛はほとんど見られない。

したがって、いま紹介したのとは逆の説明も成り立つ。それは、日常的に相当の距離を歩くことがふつうであった時代には、腰痛はおそらくまれだったが、ヒトが定住して、日常的にあまり歩くことのない生活をするようになって、腰痛が多く発生するようになったという説明だ。事実、椎間板《ついかんばん》は骨と骨のクッションの役目をはたしているが、この役目を支えるコラーゲンなどの物質が生成され続けるためには、たえず椎間板が刺激され、負荷がかかっていなくてはならない。狩猟採集生活はそこにたえず負荷がかかる生活であるのに対し、現代のように特段の運動をしなくて済むような生活をしている人の場合は、そこに負荷がかからなくなっている。

実は、私も数年前に腰痛で半年ほど動けなかったことがある（なぜ肉月《にくづき》に要《かなめ》と書くのかを、いやというほど思い知らされた）。動くと痛みが増すので、安静を心がけて、横になってばかりいた。しかし、もしいま書いたことがほんとうだとすると、安静にしていることは、椎間板に刺激を与えないことになってしまう。これは逆効果なのではないか、そう思った。痛みが薄らいだ時を見計らって、長時間歩いたり走ったりして、負荷をかけることを始めた。しばらくすると、腰痛は、嘘のようにどこかに行ってしまった。おそらくあのまま寝ていたら、腰痛に悩まされるままだったかもしれない。

ただ、この方法はほかの人の腰痛に効くかどうかは保証のかぎりではない（腰痛の原因はさまざまだろうから）。ともあれ、二足直立歩行は腰痛の直接の原因ではないようだ。

†ホモ・モビリタス——すべての大陸へ

こうした直立二足歩行によって、私たちの祖先はなにを得たのだろう？　得たものはこれから述べてゆくように山ほどあるのだが、まずその筆頭はと言えば、移動能力《モビリティ》が格段に高まったことだ。ピューマやガゼルのような瞬発力は備えていないが、霊長類のなかでは、地上をもっとも速く走ることができるようになり、しかも長距離を走ることもよくできるようになった。最近の研究では、ヒトの持久走が、生理学的指標（代謝コスト）や解剖学的指標（骨格）の点で、ほかの動物の四足走行よりも格段にすぐれていることが明らかにされている。この研究を行なった研究者は、ヒトが走るために生まれついて《ボーン・トゥ・ラン》いると表現しているほどだ。

この移動能力は、後述するように、遠くまで出かけて狩猟を行なってきた祖先から私たちが受け継いでいる能力だ。歩き走ることは、生活の基本で、それが数百万年もの間価値をもってきた。だから、走ることや歩くことが快感を与えるのだ。

サヴァンナにいるわけでも、狩りをしているわけでもないのに、あなたのまわりには、ランニングやマラソンのとりこになっている人たちがいるだろう（あなた自身もそうかもしれない）。人生のなかで、そして日常のなかで、達成感を感じる機会はそうたくさんあるものではない。しかし、マラソンでは、少々の日常的な練習をするだけで、それが得られる（しかも何度でも）。その理由は、私たちの脳のなかには、持久走などの長時間の有酸素運動を――苦しいものであるにもかかわらず――快く感じさせるシステムがあるからである（「脳内報酬系」と呼ばれるシステムがこれに関わっている）。それは、数百万年にわたって狩猟採集生活を営んできたことの結果であり、太古の祖先からの大いなる遺産である。

さて、二足直立歩行によってモビリティの高まった祖先は、その後どうなっただろうか？　彼らのなかからアフリカを出るグループが現われるのだ。１８０万年前頃のことである。中近東を経由して、ユーラシア大陸に入る。これが最初の「出アフリカ」だ。この子孫は、百数十万年を経て、北京原人やジャワ原人になったと考えられるが、その後この系統は地球上から姿を消してしまった。したがって、私たちとの間には直接的な関係はない。彼らは遠くにいる大伯父や大叔母のようなものだ。

私たちの直系の祖先、ホモ・サピエンスは、25万年前頃に、これも東アフリカに現われる。彼らは、１８０万年前の「出アフリカ」の際にアフリカにとどまった者たちの子孫なのかもしれないし、あるいはアフリカを出てユーラシアに入り長い間そこにいて、その後またアフリカに戻った者たちの子孫なのかもしれない。そのあたりの系譜はまだ不明である。６００万年間の化石人類について現在想定されている系譜を図５に示しておこう。

このホモ・サピエンスは、東アフリカで15万年以上をすごしたのち、10万〜5万年前にかけて散発的に何度か「出アフリカ」をする。また、一部は逆に南下して南アフリカに到達した（図６）。このなかで中近東を経由してヨーロッパに入った者たちは、クロマニョン人と呼ばれる。ホモ・サピエンスとは兄弟のような関係にあるネアンデルタール人も、これより早くヨーロッパ入りしており（あるいはヨーロッパで誕生したのかもしれないが）、

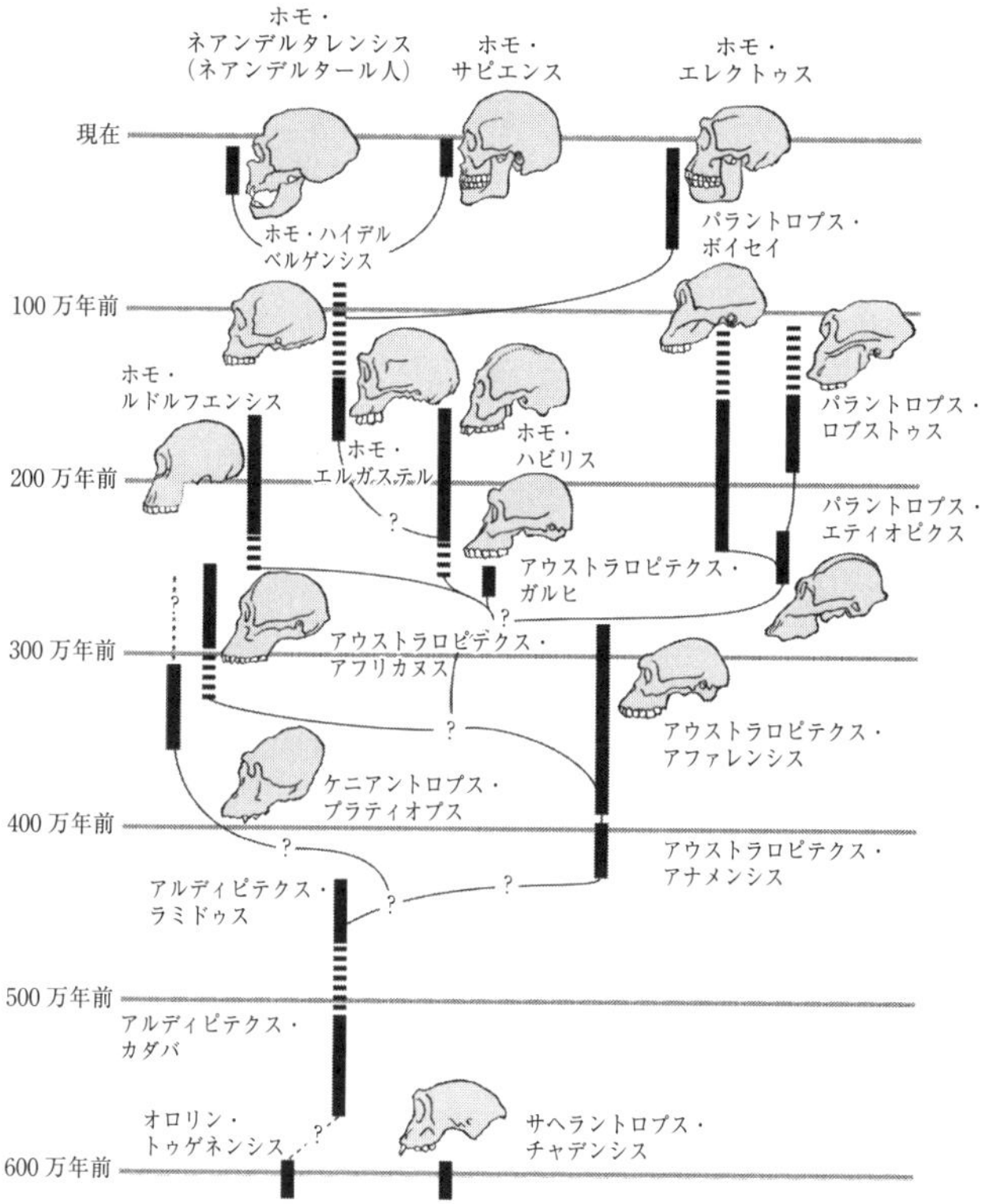

図5　過去600万年の化石人類

現時点で想定される系譜を示す。Klein（2009）より作成。

クロマニョン人と隣り合った生活を送ることになった（一部の生息地域は重なっていた）。

ユーラシア大陸を東に向かったホモ・サピエンスの一部は、南に下りてオーストラリア大陸へと流入した。そのまま東進を続けた者たちのさらに一部は、北へと上がって、1万4000年前ぐらいの時期に、それまで人類未踏の地であったアメリカ大陸に入って行く。

ユーラシアと北アメリカは現在はベーリング海峡で隔てられているが、当時は氷河期の最後の時期にあたり、多量の海水が氷結して、その分海面が現在より100メートルも低く、陸続きになって、歩いて渡ることが可能だった（ただし、その後すぐに、氷河期の終結とともに、海面は上昇して、陸続きではなくなる）。シベリアやアラスカという極寒の地域を抜けて、北アメリカに入るや、1000年ほどのうちに（進化の歴史の時間としては「またたく間」だ）、その子孫は南下を続けて、南アメリカの南端に達してしまう。驚くべき広がりようだ。（なお、最近、アメリカ大陸に入るのに別のルートがあったことも示唆されている。陸伝いのほかに、北アメリカの西の沿岸を、おそらくは舟で南下した可能性である。）

このように、ホモ・サピエンスは、大航海時代を迎えるはるか以前、地図もコンパスもない時代に、海を渡り、山を越え、砂漠を通過し、河や谷を渡り、さらには大陸を横断したり縦断したりし、この地球上に拡散していった。ホモ・モビリタスたるゆえんである。

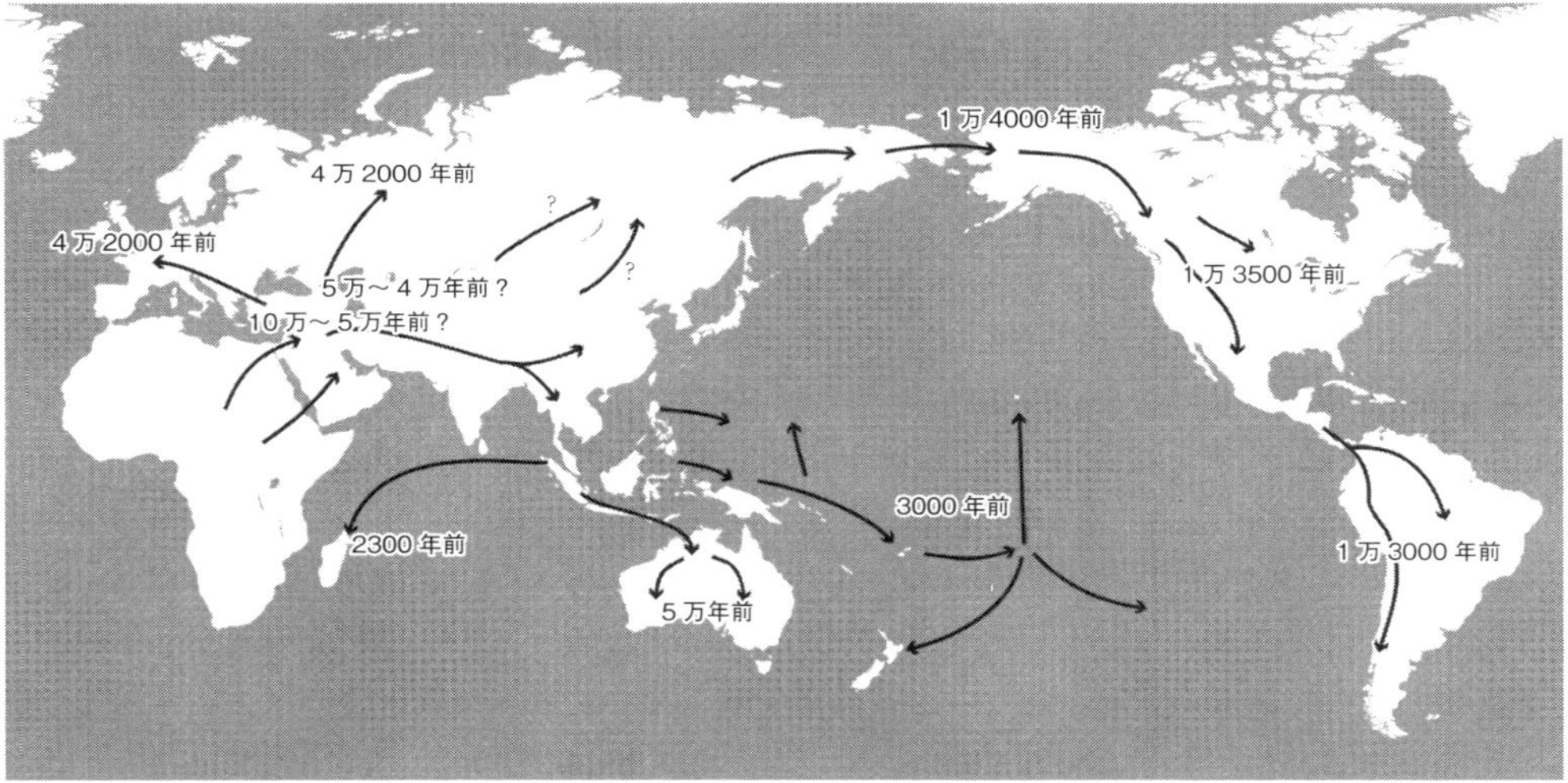

図6　現生人類（ホモ・サピエンス）の広がり方
アフリカからほかの大陸への想定される移動経路と年代。海部（2005）より作成。

いまこの地球上に、人間は70億人いる。ほかの生き物で、これだけの個体数をもちながら、社会を機能させている生き物はいない（アリのような社会性昆虫でさえ、ひとつのコロニーの個体数は、最大でも人間の大都市の人口ほどだ）。たとえば、霊長類のなかでヒトに直近のチンパンジーは、飼育されているものも含め、15万頭程度と推定されている。ヒトは70億人、彼らのなんと5万倍の数だ。いまこの時に、世界の津々浦々に、たとえばアルプスのマッターホルンの頂上付近にも、南極の極地点付近にも、灼熱のサハラ砂漠の片隅にも、海底トンネルの最深部にも、だれか人間がいるだろう。この地上で人間がいないところを探すほうが難しい。

†好奇心旺盛な動物

これだけ地球上に広がりえたのはもちろん、高いモビリティのおかげだけではない。それを後押しする力、あるいは牽引する力があったからだ。その力とは、まだ見ぬ土地を訪れてみたいという欲求、一種の好奇の動機である。

現在の私たちのことを考えてみよう。なぜ私たちは旅をするのだろう？　なぜ時間をかけて巡礼などに行くのだろう？　なぜ保険をかけてまで遠くへと旅に出たがるのだろう？

鳥の季節的な渡りや魚の回遊などを除けば、動物は旅などしない。ヒトの場合、物見遊山という目的だけでなく、いろいろな困難があるにもかかわらず、それを乗り越えて、目的地に到達することに価値をおく。すなわち、旅をすること自体がひとつの目的でもある。そして人生を旅にたとえたりもする。旅は、私たちの生活のなかで重要な地位を占める。

　エヴェレストに登頂を試みた（そして初めてそれに成功したのかもしれない）イギリスの登山家、ジョージ・マロリーは、なぜそれほどの危険を冒してまで登るのかと記者に聞かれて「そこにあるからさ」と答えたとされる。この答えは、言い得て妙だ。そこにあって、だれも行ってみたことのないところだから行くのだ。いまから１５０年ほど前、まだ飛行機さえも発明されていない時代に、ジュール・ヴェルヌは『月世界旅行』という夢物語を書いたが、それから１００年ちょっとして、人類は国家プロジェクトとして、「そこにある」月への旅を果たす。この例は、ヒトの好奇心・冒険心がどんな危険や艱難《かんなん》をも乗り越えるだけの力をもっていることを端的に示している（**コラム２**も参照）。

　ヒトが地球上に広がって行く上で、こうした好奇心の役割は語られることが少なかった。というのは、それが心のなかのもので、しかもはるかに遠い昔のことなので、証明のしようがないことだからだ。しかし近年、好奇心（新奇なものを探索する動機）に関係する遺伝子がヒトでは多型だということがわかってきている。つまり、いくつものタイプがあって、個人差が大きいのだ。臆病で外に出たがらない者がいる一方で、好奇心旺盛な、大きなリスクをおかしてでもそうする、つまり冒険心のある投機《チャレンジング》的な者もいて、過去から現代にわたって、それらの人間がまだ見ぬ新天地を求めて、ほかの人間たちを引っ張っていったのだろう。こうした先を見越して、未来に賭けてみる傾向は、現代の投資やベンチャービジネス、あるいは人を奈落の底に落としかねないギャンブルなどともおそらく無関係ではない。未来を見越して、しかもリスキーな行動（一種の賭け）ができるのは、おそらくヒトだけだ。

これまで、なぜホモ・サピエンスが地球の隅々にまで生息範囲を広げたかについては、気候・環境条件の急激な変化（たとえば寒冷化や乾燥化）によって、それまでいた場所が住めなくなってしかたなく移動して、その結果ヒトの生息地域が広がったという消極的かつ受動的なシナリオが語られることが多かった。しかし、動物がしかたなく追われてほかに行かざるを得ない場合には、通常は行く先で細々生き延びるか、絶滅するのが常だ。しかたなく追われて、結果的に繁栄することなど、ふつうはあることではない。しかし、ヒトの移動に「好奇心の強さ」を仮定するなら、つまりその移動が消極的ではなく、積極的な移動であったのだとすれば、話はまったく違ってくる。

とはいえ、ホモ・モビリタスのほんとうの姿は、モビリティと好奇心を組み合わせても、まだ不十分である。そこには、空間的な認知能力（地理感覚や空間的記憶）、計画性、洞察力や推論能力も大きく関わっていたはずだ。もちろん、あとで見るように、いろいろな道具もたずさえていて（相棒としておそらくイヌも連れていた）、それらが実質的に旅や移動を支えていたのだろう。

コラム2　旅とコスト

かつては、目的地まで、野越え山越え、てくてく歩いてゆくのがふつうだった。近世でも、庶民ならそうしていた。田舎からパリまで1年をかけて歩いていった少年時代のルイ・ヴィトンしかり、俳句を詠みながら日本各地を早足で駆け歩いた松尾芭蕉しかり、江戸から京都・大阪、四国まで珍道中を繰り広げた弥次・喜多しかり（駕籠に乗ることもあったが）。

しかし現代では、飛行機や鉄道や車や船が利用される。これらは燃料を必要とする。日本の端から端まで行くのにかかる燃料や、地球の裏側まで行って戻ってくるのにかかる燃料を考えてみると、ヒトが移動にかけるエネルギー、時間やコストは厖大だ。省エネやエコを真剣に考えるなら、これらは真っ先に規制の対象になってよいはずである（航空各社や旅行代理店が猛反対するだろうが）。しかし、そうならないのは、それが私たちの根本的な欲求に根ざしているからである。すなわち、ほかのところに行ってみたいという欲求はとても強く、これはだれにも止められない。あちらの風物や状況をテレビの旅番組で見たりインターネットで詳しく知ることができるのに、行くのだ。でも、ほんとうは逆で、見たり聞いたりしたからこそ、ますます行きたくなるのかもしれないのだが。

私の業界の例をあげれば、毎年開催地を変えて開かれる学会というものがある（イメージできない方は、競技会や品評会のようなものだと思ってもらうとよい）。一箇所に集って、研究発表を行なう。学会での発表内容は、電子ジャーナルや雑誌や本で読んだり、本人から直接、あるいはメールででも聞くことができたりするのに、相当な旅費・宿泊費・日数をかけて開催地まで（海外までも）出かけてゆく。発表の内容以上に、そのエネルギッシュさは、学術界では評価の対象になる。本人のエネルギーもさることながら、燃料というエネルギーも大量に消費される（もちろん、それは、研究仲間が一堂に会して、親交を深め合うという重要な機会ではあるのだが）。

ジュール・ヴェルヌの『80日間世界一周』のなかに描かれているように、どこかに行って、そこの風物をじっくり見るということよりは、旅して回るということのほうが重要なのかもしれない。旅そのものが、ひとつの目的なのだ。

†環境への適応力

ヒトは、この数万年で地球上に版図を拡大して、その地域の環境に適応していった結果、適応力と順応力に富む生き物になった。吐く息が一瞬で凍りつく極寒の土地にも、外気が体温よりはるかに高い土地にも（両者の気温差は100度にもなる！）、年間降水量が1万ミリを超える多雨多湿の土地にも、0ミリの砂漠にも生活し、標高0メートルから3500メートルの高地にまでも都市を築いている。それまでと極端に違う自然環境での生活を余儀なくされた場合でも、多少の時間をかければ、その環境に身体的・生理的に適応（この場合には「順応」と表現するほうが正確だが）してゆくことが可能である。ヒトは驚くほど柔軟だ。

環境へのこのような適応の1例は、肌の色だろう。ヒトが地球上に広がっていった結果、それぞれの地域に住む人間の肌の色は、たくさんの世代を重ねるうちに、その地域の日射量に応じて異なるようになった。こうした肌の色の多様化は、環境への遺伝的適応、つまり遺伝子レベルでの変化である（誤解のないように言い添えておくと、日射の強い場所にいて個人が日焼けして黒くなるのは、遺伝的適応ではなく、順応の一種だ。この黒さは遺伝しない）。

しかし、環境への適応は、ヒトの場合は遺伝的なものだけによってはいない。暑さや寒さ、日射量の多寡に対処するためのさまざまな仕掛けや道具をもっている。たとえば、1万4000年ほど前にユーラシア大陸から北アメリカ大陸に渡った人々のことを考えてみよう。途中はシベリアやアラスカといった極寒の地域だったので、彼らは、毛皮をなめした衣服をまとい、厚手の靴をはき、耳を隠す帽子を被っていただろう。野営用のテント風の仕掛けも持ち歩いていたかもしれない。保温用に、連れていたイヌを抱いて寝たこともあったろう。もちろん、暖をとり明かりに使うため、火も使っていただろう。雪上や氷上を移動するのに、橇《そり》なども使っていたかもしれない。ヒトがほかの動物と違うのはこの点だ。どんな状況におかれても、道具を用いるなど適切な策を講じることで、環境に適応してゆけるのだ。知恵あるヒト、ホモ・サピエンスたるゆえんである。

ヒトの知恵は、環境に順応・適応してゆくことにとどまるわけではない。とりわけ現代にあっては、その知恵は、川の流れを変え、水路を作り、山を削り、海を埋め、長大なトンネルを掘り、メガロポリスを建設している。自然環境を変える生き物は、ほかにいないわけではないが、意図をもって、しかも大規模に（場合によっては徹底的に）変えてきた生き物はヒトだけだ。これは、地球温暖化という、人類のまえに立ち塞がっている大問題も引き起こしつつある。

ヒトは環境や生態系を変えてきただけではない。ヒトはこれまでも、家畜や栽培作物に示されるように、生き物を選択的に交配したり間引いたりするなどの人為淘汰を通して、ある程度意のままに生き物も作り変えてきた（第二部で詳述）。そしていまは、遺伝子操作という手法によってそれをしつつある。近未来には、私たちの子孫をも恣意的に作り変えてしまう可能性もある。

その一方で、私たち現代人は、数万年前のホモ・サピエンスから基本的なところは変化していない。つまり、ホモ・サピエンスとしての解剖学的特徴はほとんど変化していない。現代の人骨と3万年前のホモ・サピエンスの人骨を並べて比べても、解剖学的特徴からは両者を区別することは困難である。つまり、両者はほぼ同じものだということだ。これは、身体だけでなく、脳も（大きさや形に関するかぎり）そうだし、脳が生み出す心もおそらくそうである。

もちろん、これは、私たちヒトの進化が止まっているということではない。遺伝子的には、この数万年間にも、いくつか特定の病への抵抗性や食べ物の消化吸収などに関与する遺伝子の突然変異が起こり、それらが自然淘汰を経るなかで定着しつつある。また、脳内の神経伝達に関係するいくつかの遺伝子にも、変化が起こってきているようだ。ただ、そうした変化はあるものの、大枠で見た場合には、この数万年間で私たちヒトはモデルチェンジしていない。

想像してみよう。タイムマシーンで3万年前のヨーロッパに飛んで、クロマニョン人の赤ちゃんを現代に連れてきて（これはとんでもない犯罪だが、思考実験だということで許してもらおう）、私たちの社会と文化のなかで育てるとしよう。彼（男の子だとしよう）は、すくすくと育って、楽しい幼稚園生活と思い出多い学生生活を送り、コンピュータを使いこなし、車を運転し、ケータイでしゃべり、いくつもの恋をし、これぞという彼女と結婚し、何度か転職もし、人生に悩みもし、つまりはふつうの現代人の生活を送るだろう。逆に、現代人の赤ちゃんを3万年前の世界に連れていって、クロマニョン人に預けてくるとしよう。大きな病気にかかったりしないかぎりは、のびのび育って、罠を仕掛けたり獲物を狩ることに精通し、いっぱしのハンターとして一生を送るだろう。

†手ができること

直立二足歩行は、高いモビリティをもたらしただけではない。もうひとつは、手の自由をもたらすことにもなった。狩猟採集の生活にあって、私たちの祖先は、その自由になった手で、巧みに道具を操り、獲物を解体し、槍を投げ、矢を射、貝を採り、果実を摘み、調理をすることができるようになっていった。

ここで、手がどのようなことをするかを考えてみよう。これを考えるには漢字が参考になる。手偏の漢字をできるだけ思い出してみよう。……持つ、打つ、描く、投げる、握る、摑む、摘む、掻く、控く、指す、押す、掬う、拾う、挟む、抑える、捕まえる、捉える、掠める、据える、換える、捏ねる、挽く、拭う、扱う、挿む、掘る、振る、操る、折る、探る、摸る、搾る、撒く、播く、揃える、担ぐ、抜く、掃く、抱く、捥ぐ、挫く、抽く、援く、接ぐ、提げる、携える、揺らす、授ける、撫でる、……実はまだまだある。その漢字の多さから、手がいかに多くの機能をはたしているかがわかるだろう。

どうして手はこれらの多様な機能――ひとことで言えば、器用さ――を実現することができるのだろうか？　ヒトの手の特徴は、なんと言っても、親指が長く、ほかの指と向かい合わせにできることだ（これは、図2に示したように、足の指と比べてもらうとわかりやすい）。ほかのほとんどの霊長類では、手の指はこのような向き合う形をとることができなかったり、できる場合でも、親指が短かったりする。ヒトでは、このような指のつき方が、

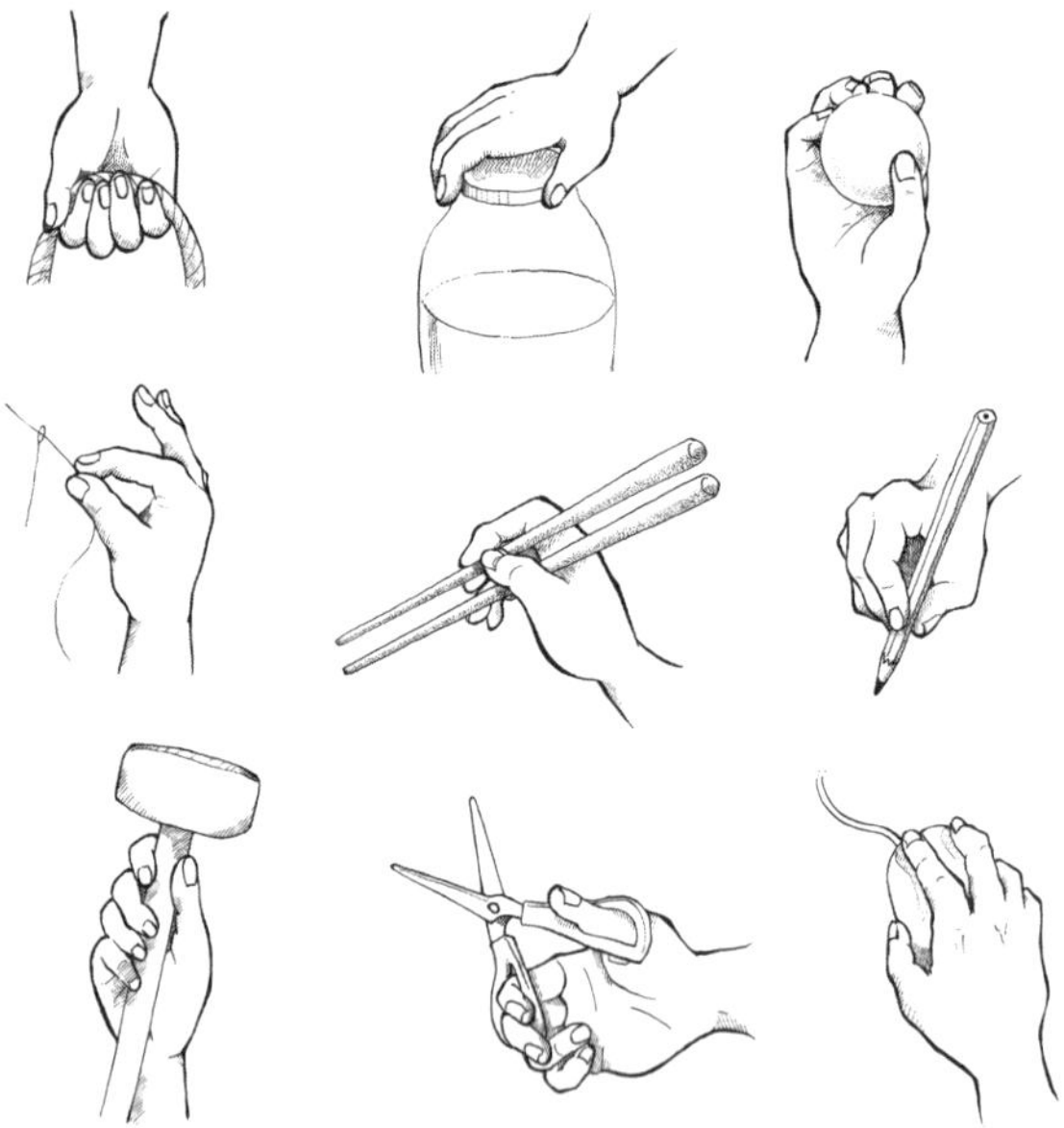

図7　ヒトの手、9態

ものをはさむ・つまむといった、微細で微妙な力のかけ方を必要とする動作を可能にした（図7）。このようなつかみ方を専門的には「プレシジョングリップ（精密把握）」と呼ぶ。

これに対して、樹上生活をする霊長類では、手や指は、枝をつかんで握るのに適した形をしており、「パワーグリップ（力任せの把握）」が得意だ。たとえば、チンパンジーの場合、パワーグリップの握力は200から250キログラムにもなる。これに対して、私たちは、30から50キログラムがせいぜいで、チンパンジーの5分の1にも足りない（チンパンジーとの握手を夢見ている人がいたら、考え直すことをお勧めする）。私たちの手は、パワーグリップが不得意になった代わりに、プレシジョングリップがよくできるようになっている。

†手と指の動きの制御――脳と右利き

手や指で精密な動きをするというのが、私たちヒトの特徴だが、その特徴は脳のなかにも見ることができる。大脳皮質（前頭葉の一次運動野）のどこが身体のどの部分の動きの指令を担当しているかは詳しくわかっており、それを図示してみると、手や指の動きを担当する部分が極端に大きいことがわかる（図8）。ヒトは「手の動物」なのである。

図8　ペンフィールドのホムンクルス
上の図は、カナダの脳外科医、ワイルダー・ペンフィールドの研究をもとに、ヒトの身体の動きの指令を担当している大脳の皮質と身体の部分との対応関係を示したもの。下の図は、皮質での面積比にしたがってヒトの身体を再構成してみたもの。「ペンフィールドのホムンクルス（こびと）」と称される（模型がロンドンの自然史博物館にある）。手が（そして口唇や舌が）いかに大きな比重を占めているかがわかる。

こうして手を多用すること、手の指を頻繁に使うことは、左右の手の分業を生じさせた。いわゆる「利き手」である。どの社会や文化でも、90％から95％の人が右利きだ。右利きの人ではもっぱら、左手がものを押さえて、右手はものを操ったり細工したりするよう専門化している。左利きの人では、これが逆の関係になる。（誤解のないように言い添えると、ここで問題にしているのは、右利きと左利きの違いではなく、左右の手の間には明確な分業体制があるということである。）

こうした利き手は、ヒト特有のものである。これまでに霊長類で観察されているところでは、ヒトに近い大型類人猿（ゴリラやチンパンジー）でもこうした傾向が多少見られるものの、ヒトではこの役割分担が顕著に現われる。

先史時代の人々は、洞窟の壁や岩壁などに、「ネガティヴ・ハンド」と呼ばれる手形を好んで残している（図9）。それらの大半（9割以上）は左手だ。これは、壁の上に左手をおいて、その形を右手にもった苔でかたどったり、顔料を詰めた筒を右手にもって吹いたりしたのだと考えられる。すなわち、その当時の人々も、右利きが圧倒的に多かったことを示している。

右手の動きの制御を行なっているのは左脳だ（私たちの運動神経は左右で交差しているの

図９　象徴としての手
１万年前頃にリオ・ピントゥラス遺跡（アルゼンチン）の岩壁に描かれた手、手、手。858もある。手のまわりに顔料を吹きつけてあることから、「ネガティヴ・ハンド」と呼ばれる。９割以上が左手だ。同じような手形は、この南アメリカの遺跡だけでなく、フランス、サハラ砂漠、南アフリカでも見つかっている。手を印すことが自然発生的であることをうかがわせる。

で、身体の右側は左の脳が担当している）。実は、後述するように、ほとんどの人では、言語も左脳が担当している。これはおそらく偶然ではない。手で細かな操作を行なう、すなわち順序立った手や指の動きを制御することと、音声や単語を並べ、その順序を規則に従って入れ替えることには多くの共通点があるからだ。左脳は、利き手の右手を操るだけでなく、ことばも「操る」のだ。

†視覚運動協応――ものを投げる

手がするさまざまな動作のなかで、とりわけヒトに特徴的なのは「投げる」という動作だ。動物の世界では、ものを投げるという行動は稀である。この行動、そしてその能力は、私たちの祖先にとって、狩猟――石をぶつける、槍を投げる、矢を射る、投げ縄をする――において決定的な役割を演じたはずだし、いまもスポーツ場面では中心的な要素になっている（第二部の「ものを投げる――運動能力の性差」も参照）。

私たちは、たとえば小石やボールを、速さや軌道を調節して標的めがけて投げることができる。しかも微妙なコントロールができる。たとえば、どう握り、それぞれの指に力をどうかけるかで、投げるものの速さ、回転、軌道を自在に変化させることができる。野球を例にとってみよう。同じ位置にボールを投げ入れるのに、ストレート、カーブ、スライダー、フォーク、ナックル、パーム、シュート、シンカー、ドロップ……といったように、変幻自在の投球が可能である。

器用さは、投げるという動作だけではない。日常的にも、私たちは、なんの苦もなく、針の穴に糸を通し、片手で携帯電話のボタンを操作し、箸やペンやマウスを使い、10本の指を使ってコンピュータのキーボードを叩いている。これらは、実は手の動きの精密さだけでできるわけではない。目から入ってくる情報に応じて、手や指の動きを順序立ててタイミングよく動かす必要がある。たとえば、泡立ったビールをこぼさずにグラスにうまく注ぐ、豆腐などの柔らかいものを形を崩さずに箸でつまむ、といったように。これを専門的には、目で見ながら正確に動きを調節するという意味で、「視覚運動協応」と呼ぶ。

たかがビールを注ぐぐらいのこと、と思う人もいるかもしれない。しかし、こうした精妙な動作をするロボットはいまだ作られていない。機械風に説明するなら、自分の注いでいる泡がいまどこまであがってきているかという視覚的なフィードバック情報を即時にモニタリングしながら、表面張力を計算に入れて、あふれないように、絶妙なタイミングでビール瓶の傾きを正すということをしなければならない。ここで重要なのは、正確なモニタリング、そして予測と即応だ（コラム3も参照）。

ほかの人間と一緒に行なう動作——たとえば共同作業、フォークダンス、バレエ、シンクロナイズドスイミング、マスゲームなど——の場合にも、視覚運動協応が鍵になる。ヒトは、これが驚くほどよくできる。私たちの目に、複数の人間のシンクロした動きが美しく映る（そして時には感動を呼ぶことすらある）のは、それが私たちの能力を最大限に引き出しているものだからである。私たちヒトの特徴として第一に強調されるのは「賢さ《サピエンス》」の部分だが、ここで強調したように、「動き」もそれに負けず劣らない。私たちが自然に行なっている細かで、繊細な動きは、ほかの動物のできない、そしていまのところロボットや機械にもまねのできないものなのだ。

コラム3　視覚運動協応と車社会

日本ではいま、8000万台の車が走っている。これだけの数の車があふれかえっているなかで、ドライバーは、歩行者やバイクや自転車を避けながら、ほかの車やガードレールにぶつかることもなく運転している。これは、よく考えてみると、奇跡に近いことかもしれない。

これこそ、視覚運動協応のなせるわざである。視野のなかのとっさの動きに即応しながら、ハンドルをさばく、ブレーキを踏む、アクセルを踏むということが、多少の練習をするだけで、すぐにできるようになる。おそらくほかの動物では、このような動作は、自動車学校にいくら通おうが無理だ（入学させてもらえるかという問題はあるが）。できるようになると、車体は自分の身体の延長部分のようになる（おそらく脳のなかでもそうだ）。

視覚運動協応は、小さな針穴に糸を通す、ビールをうまく注ぐ、変化球を打ち返すといったことを可能にしているだけではない。現代の車社会をも支えているのだ。

†道具の製作と使用――石器をあなどるなかれ

「石器時代」という名称は、私たちの祖先がもっぱら石器だけを使い、それに頼り切っていたという印象を与える。しかし、この印象はおそらく誤りだ。石器が多く出土するのは、それが腐ることなくそのまま残るからである。当然ながら、彼らも、植物や動物などから得られる素材も使って、さまざまな道具を製作していたはずである。しかし、それを示す証拠が見つかることはまずない。時代をさかのぼればさかのぼるほど、それらの証拠が腐朽せずに残っている可能性はゼロに近くなるからだ。先史考古学では、得られる資料の大半は、腐らずに残る石の遺物であり、それにもとづいて、その時代のヒトの能力や生活について推測をめぐらすしかない。

ここで、石をたんに道具として使うだけでは「石器」とは言えないということに注意してほしい。石器であるためには、道具として使えるように人為的になんらかの加工が施されていなければならない。

最初期の石器は、250万年前頃のものが見つかっている。オルドワン式と呼ばれるこれらの石器は粗雑に加工されたものだったが、170万年前頃になると、製作に何段階もの工程が必要なアシューリアン式の石器が登場するようになる。これらのうち長期にわたって使われ続けたのは、握斧《ハンドアックス》という、手にちょうど納まる大きさのしずく形の対称形をした石器である（見た目はコンピュータのマウスやケータイのようだ）。また、石の剝片から作った石刃《ブレード》もよく使われた。これらは、30～25万年前までメインの石器として使われ続けた。興味深いのは、地域や時を隔てても（製法や形は微妙に異なるが）、これらのタイプの石器が見つかることだ。これは、互いに無関係に、自然発生的に似たようなものが出現したのか、それとも同一起源のものが文化として伝えられ続けてきたのかという疑問を生じさせる。

この時期の石器をひとことで言えば、ワンパターンで、多様さを欠いていた。それゆえ、汎用性の道具として、いろんな使い方をしていたのだろうと推測される。たとえば、握斧《あくふ》の場合（「斧《おの》」と呼びはするが、斧の用途で使ったということでは必ずしもない）、獲物めがけて投げたのかもしれないし、獲物を解体したり、植物を切ったり、土を掘ったり、あるいは道具の加工に使ったりしたのかもしれない。

ここでひとこと――石器をあなどるなかれ。石という素材は、私たちが考える以上にす

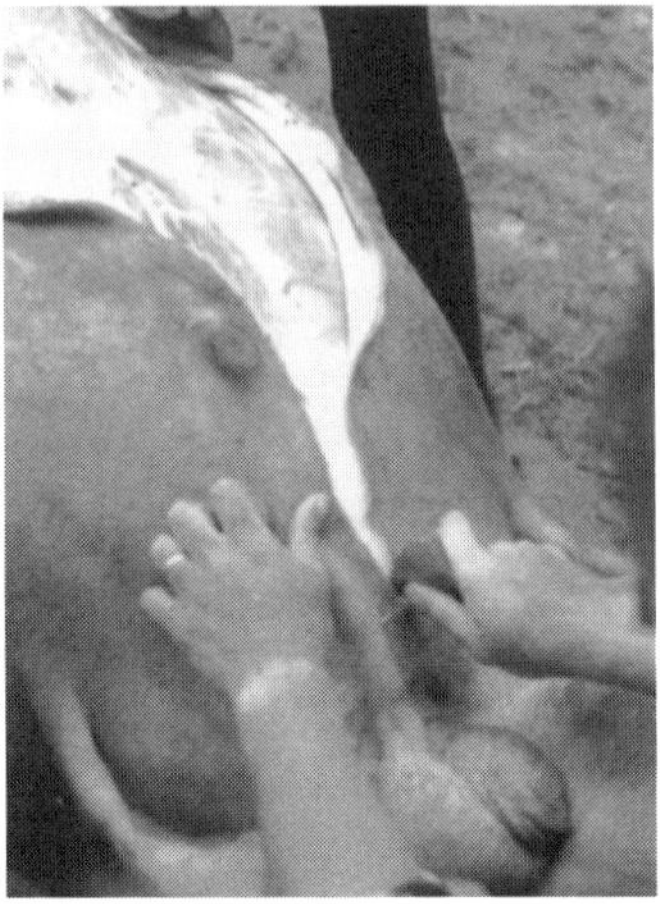

図10　石器の威力
ヌーの皮を割いているところ。Jones, Martin & Pilbeam（1994）より。

ぐれものだ。それは、うまく加工すると、そして巧みに使いこなせば、鋭利で強力な道具になる。たとえばしとめた獲物（大きなものではゾウやマンモス）を石刃だけで解体できるのだ（図10）。現代の金属の刃物でやろうとしても、歯がこぼれたり曲がったり錆びたりして、なかなかうまくいかないはずだ。

図11に示したのは、30万年前以降の新たな行動（出土品から想定される行動様式）の出現時期である。25万年前頃になると、石器は多少バラエティに富み始める。たとえば尖頭器《せんとうき》が現われる。おそらくそれらの尖頭器は槍や矢の先端につけて鏃《やじり》として使われたのだろう。この時期は、ホモ・サピエンスの出現時期と符合する。15万年ほど前からは、貝の採集や長距離交易（特定の地域にしかない原材料を用いた加工品がその原産地から遠く離れたところで見つかるのだ）も行なわれるようになる。そして石器は、10万〜5万年前にかけて本格

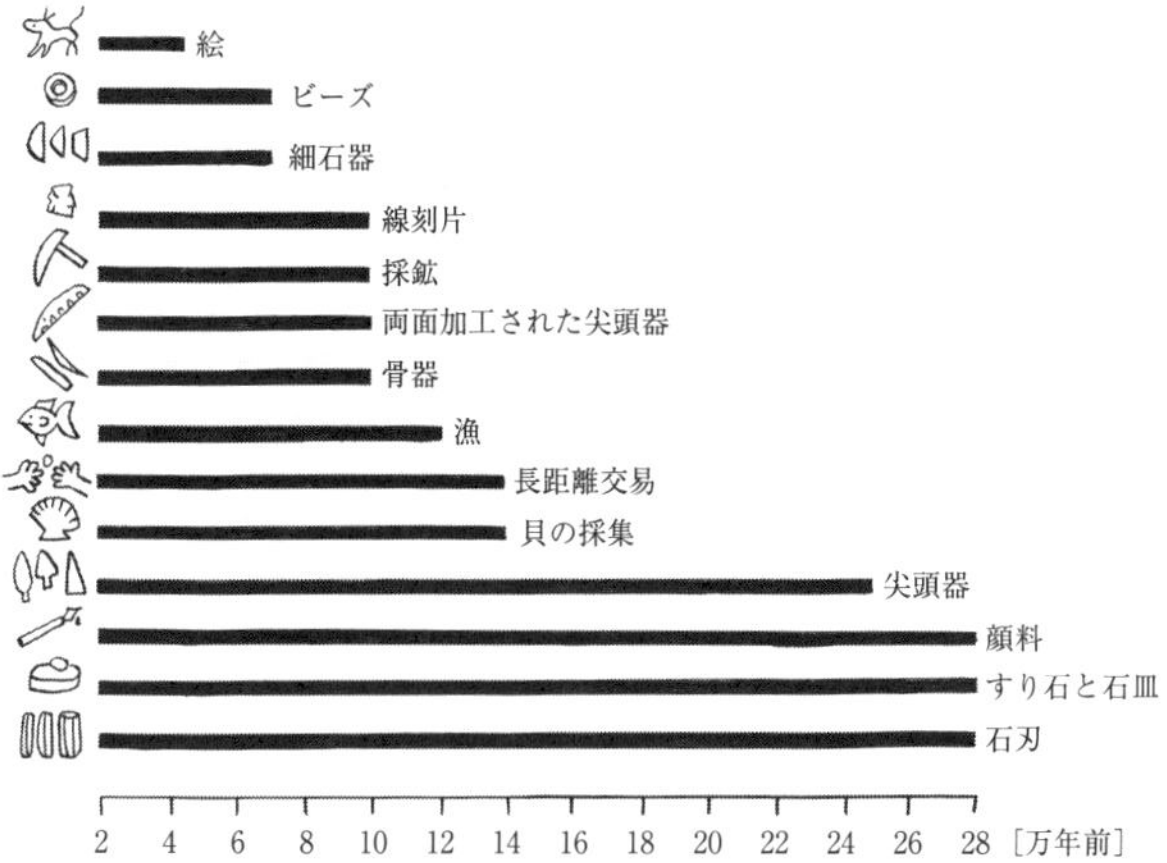

図11　過去30万年間における新たな行動の出現
年代はアフリカの遺跡からの出土品をもとにしている。
McBrearty & Brooks（2000）より作成。

的に多様で多彩な変化を見せ始める。これは、ちょうどホモ・サピエンスの出アフリカが行なわれた時期にあたる。形や大きさから用途が明確にわかる石器も多種類出現し、骨器なども作られ、使われ始める。

こうした石器の製作は、少なくともホモ・サピエンスの場合は、いわばひとつの産業だった。たとえば、クロマニョン人の遺跡からは、石器を作った時に出る石の破片の屑が特定の場所から山のように見つかる。おそらく、そこが仕事場で、石器作りを専門にする人間がいたのだろう。

5万年前の祖先は、絵を描き、ビー

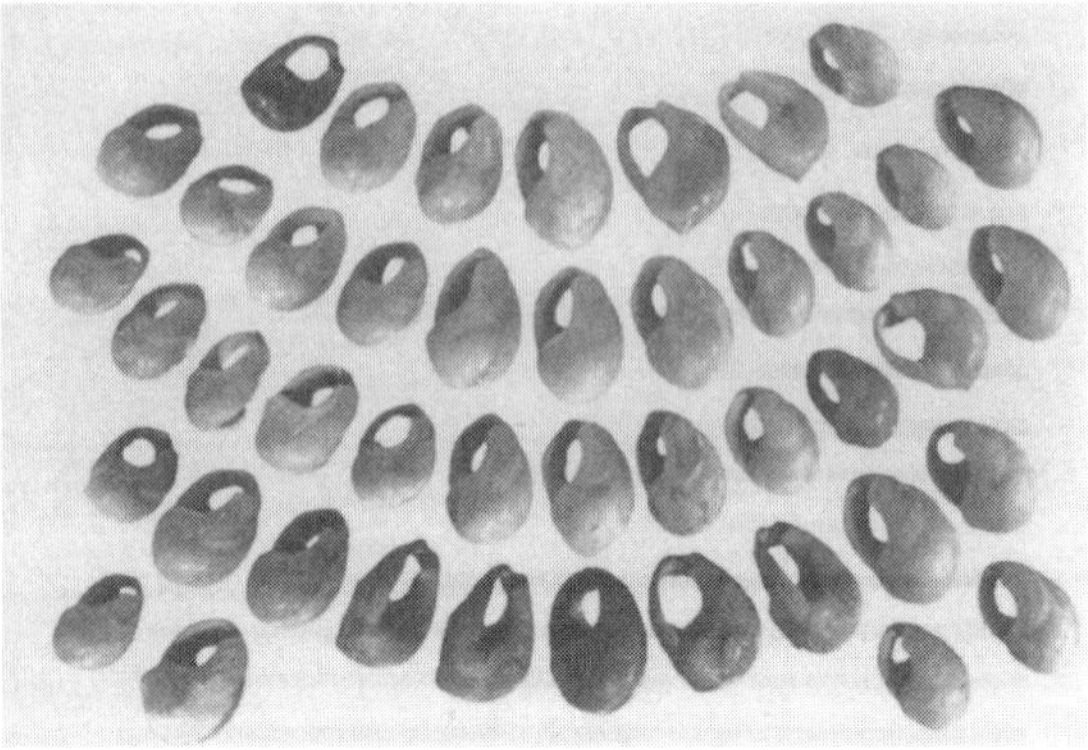

図12　7万5000年前のビーズ玉

南アフリカ・ブロンボス洞窟より出土。貝殻を丸く削り、穴が開けてある。穴に紐を通してビーズ玉を鎖状にし、身体装飾として用いたと考えられる。海部(2005)より。

ズで身体を装飾するようにもなっていた(図12)。これらだけでなく、ほかの種類の出土品の出現年代からも、多くの研究者は、5万年前頃には、現代人の行動様式が一通り揃ったと考えている。本書の議論の文脈で言えば、表1に示したヒトの特徴の大部分は、5万年前にはすでに存在していたと考えてよいだろう。

数万年前になると、槍や矢(いわゆる飛び道具)は、返しのついた尖頭器(刺さると抜けにくくなる)をつけたり、毒を塗ったりして、殺傷力を高めたものが現われる。槍の威力を増すために投槍器《とうそうき》のようなものも発明された。

この頃にユーラシア大陸北部にいたマン

モスやホラアナグマなどが絶滅してしまうのは、氷河期末期の気候変動の影響によると考えられるが、それらの強力な道具を用いて乱獲が行なわれたことも絶滅の一因だったのかもしれない。北アメリカ大陸に入って行った人々はこの投槍器を用いており、それと符合して、北アメリカ大陸の大型哺乳類のほとんど（たとえばサーベルタイガーや大型のナマケモノ）もこの時期に絶滅してしまう。

†火の使用

火も、ヒトをヒトたらしめる上で欠かせない。火を使うことがなければ、ヒトそのものがありえなかったかもしれない。以下では、この火の使用について少し詳しく見てゆこう。

火を使う生き物は、ヒト以外にいない。わかっているかぎりでは、火を知らなかった人々（部族、文化）もいない。ヒトが火を知ることを象徴的に物語る有名な例は、ギリシア神話のプロメテウスだろう。彼は天上の火を盗んで、人間たちに与えてしまい、そのことで極刑に処せられる。ヒトは、火という便利なものを教えてもらうことで、それまでとは違った存在、つまり賢いヒトになる。とはいえ、これは神話である。

私たちの祖先が火を使ったという形跡は、古いものでは、80万年前のイスラエルの遺跡や50万年前の北京原人の遺跡から見つかっている。炉の跡が見つかるのは、ヨーロッパ各地の20万年前の遺跡からである（おそらくネアンデルタール人のものだ）。数万年前になると、私たちの祖先は火打石や摩擦熱を用いる方法などによって日常的に火をおこし、その火を絶やさないようにして、さまざまな目的に用いるようになっていた。

火は、私たちの祖先の生活を根本から変えたし、それがもたらす熱の作用は、さまざまな素材の道具を成形・加工する際にも、きわめて有効だった。もちろん、火の管理にも注意が必要だった。下手をすると、火傷をすることがあったし、不完全に燃焼するとガス中毒になる可能性もあった。それに不慮の結果として、自分たちのいる森や林、それに住居を焼き尽くしてしまう危険性もあった（もちろん、焼畑を作るために火は有効に使えたが）。

†火――暖房、照明、道具の加工、動力

では、私たちヒトの生活にとって、火はどう重要だったのだろう？　利用方法のおもなものをあげてみよう。

第一に思い浮かぶのは、暖がとれることだ。約1万年前まで、人類はまだ氷河期のなかにいた。寒冷な環境で暮らすには、火は不可欠だったろう。加えて、濡れたものを乾かす

ことができた。そしてほかの動物（とくに大型肉食獣）は、火には近寄らないことが多い。野営地で火を焚いて、そのそばにいれば、ある程度の安全と安心が確保できた。

第二に、火は明かりとして使えた。これによって夜の暗闇でものを見ることができるようになったし、洞窟の奥深くに入っていくこともできた。夜間に、焚き火を囲んでの会話、食事や作業も可能になった。すなわち、生活空間や生活時間の拡大が起こった。図13に示したのは、ラスコーなどの洞窟で見つかっているクロマニョン人が使った燭台だ。ラスコーやアルタミラの壁画（図19）は、洞窟の奥深くに描かれているが、こうした燭台にともした火や携帯できるたいまつなくしては、あのような絵が描かれることもなかっただろう。

第三に、火は道具の製作や加工に利用できた。木材は、表面を焼いたりいぶしたりすると、腐りにくくなり、長持ちし、強くなる。生木の場合より、成形や加工もしやすくなった。また、木製の槍では、火は、先端部を鋭く尖らせて焼き固めるという使われ方もした。金属は数千年前から利用され始めるが、これも火なくしてはありえなかった。金属を鉱物から抽出するには、火で熱して一定の温度にして溶解させた。抽出した金属は、再度火で熱して柔らかくなったところを成形して冷ますと、思い通りの形の金属器（青銅器、銅

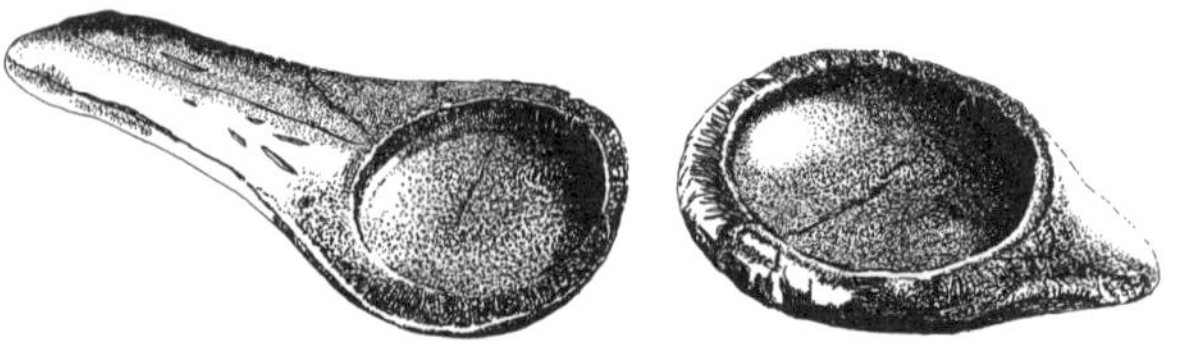

図13　クロマニョン人が用いた石の燭台
1万7000年前頃のもの。左はラスコー洞窟、右はラムート洞窟（ともにフランス南西部）より出土。動物性の脂を入れて燭台として使用した。ルイス＝ウィリアムズ（2012）より。

器、鉄器など）に仕上げることができた。ガラスも、石英、ソーダや石灰などを混ぜて熱すれば、作ることができた。その組成と冷まし方しだいでは、透明にもなった。現在多用されているプラスチックや合成樹脂も、熱の利用という点では、これらと基本的には同じだ。

土器や陶磁器の製作にも、火が欠かせなかった。粘土をこねて容器の形を作っても、野焼きをしなければ、あるいは窯のなかで高温で焼かなければ、土器や陶磁器はできなかった。

意外に思う人もいるかもしれないが、実は石器作りにも火は役立った。石は、その種類にもよるが、火で熱して急に冷却すると、剝離しやすくなる。つまり、石の加工が容易になるのだ。数万年前の石器製作では、こうした事前の熱処理がなされていた。つい最近、南アフリカで約10万年前の遺跡から、そのような熱処理を施して作られた石器も見つかっている。これを発見した研究者は、ホモ・サピエンスが「出アフリカ」以前の時期にすでにこうした技術をもっていたと推測している。

第四は、化石燃料などを燃焼させて、その熱を動力として使うことである。これは、ヒトの歴史のなかではごく最近に（200年ほど前のことだ）実現した。産業革命期に蒸気機関のような内燃機関が作られ、動力源としてそれまで多用されていた家畜やヒトに代わった。先ほど述べたヒトのモビリティへの影響について言えば、それまでのウマやロバやトナカイやラクダに代わって、蒸気船、熱気球、機関車、自動車、飛行機が登場し、早くどこまでも旅することができるようになった。移動時間は驚くほど短縮された。地球の裏側に1日足らずで行ってしまえるのだ。大航海時代の人たちから見ても、それは「瞬間移動」のように見えるに違いない（前出のコラム2も参照）。

†火と調理――火が脳を作った？

ここで、次のようなことを想像してみよう。あなたが座った食卓には、生《なま》のコメやコムギが載っている。その隣には、ウシとヒツジの生肉がおいてある。その向こうには、生のままの甲羅の光ったカニが皿に積まれている。いただきますと言って、食べてみよう。生きるか死ぬかの空腹でないかぎり、一口も食べられないかもしれない。ところが、火を使うだけで、これらは、まったく別の豪華な食べ物に変身する。多くの人はそう思ったことはないかもしれないが、調理は一種の「錬金術」なのだ。

これが火の第五の利用法だ。火を調理に使うのである。まずは殺菌作用だ。野生の動物の生肉には病原体や寄生虫がいることが多いが、それらを熱で殺せる。生水《なまみず》もそうだ。生水は、濾過したとしても、病原体や寄生虫の卵が入り込んでいることが多い。しかし、煮沸すれば、それを安全に飲むことができる。

しかも火は食べ物の性質を変える。味やにおいが変わり（その香ばしさが食欲をそそるようになる）、消化もしやすくなる。また、火で焙ったり煙でいぶしたりすれば、すぐ腐るはずの肉が長持ちし、貯蔵も可能になる。このように保存がきけば、それを携行することもできるようになる（これは遠出する者には大きな恩恵をもたらした）。同じことは植物にも言える。植物も、煮たり、焼いたり、蒸したりすると、多くの場合は食べやすく、消化もしやすくなる。

このように、焼く・煮る・蒸す・燻すといった火による調理がなければ、私たちの現在の多彩な食卓というものがありえなかっただろう。（ちなみに、英語の cook［料理する］という動詞は、火による熱を通すことにしか使えない。サラダを作るのも、刺身にするのも、寿司をにぎるのも、cookではない。動詞はmakeを使う。）しかし、火による調理がなかったら、多彩な食卓だけではなく、私たちの脳もなかったかもしれない。そう主張するのは、ハーヴァード大学の霊長類学者、リチャード・ランガムである。

実は、家畜の生肉と違って、野生の動物の生肉はひじょうに硬い。それを食べるには、相当な力で長時間噛んでいなければならない。つまり、私たちの祖先が動物の生肉を食べていたとすると、その食事には咀嚼《そしゃく》のために長い時間がかかったはずだし、胃や腸など消化器官にかかる負担も大きかったはずである。ところが、火を通すと、この硬かった肉は柔らかく、消化しやすいものに変化し、摂取できるカロリーも格段に増す。

ヒトの脳は、実はエネルギーを驚くほど多量に消費する。重さからすれば、身体の2％しかないのに、身体全体が消費するエネルギーのうち20％から25％を食う。この大食漢をどう養ったらよいか。最善の解決策は、栄養価の高い食べ物を食べること、そして効率のよいエネルギー摂取をすることである。加熱による肉の調理は、この2つの要件を満たしている。

ランガムは、私たちの祖先が200万年前頃に肉を火によって加熱処理することを始め、時間的にも労力の点でも効率的な食事を行なえるようになったと考えている。というのは、その頃、私たちの祖先の脳が大きくなり（６００ccから９００ccに増える）、一方では、それまで重装備だった歯、顎や咀嚼筋が、華奢なものに変化しているからだ。咀嚼筋が弱くなったことによって頭蓋全体をきつく縛っていた筋肉の拘束は弱まり、これによって、脳は大きくなることができたのかもしれない。

しかも、調理した肉を食べることで、消化器系にかかる負担を大幅に減らすこともできた（実際、ヒトの消化器系は、同じ体重の霊長類から予想される消化器系の60％の重さしかない）。その結果、消化器に割いていた負担の一部を脳のほうに割り当てることが可能になり、しかも調理された肉食によって脳への多量のエネルギー供給も可能になった。ランガムはそう推測する。つまり、火が私たちの大きな脳を作ったことになる。

ただ、ランガムにはあいにくだが、２００万年前にヒトが恒常的に火を使用していたという証拠は、今後見つかる可能性があるにしても、いまのところ見つかっていない。とは言うものの、火の使用が、私たちホモ・サピエンスの食事、脳や消化器、そして頭蓋や歯の形と密接に関係していることはおそらく間違いないだろう。

１万年ほど前から始まる農耕も牧畜も、火があってのことである。火が使えるという前提がなければ、つまり煮炊きや焼いたりすることができなければ、ムギもコメもトウモロコシもジャガイモも、そして家畜の肉や骨も、美味な料理に変身することはなかったはずである。

蛇足を加えると、火による調理には別の副産物もある。食事と消化にかける時間が短くて済むようになり、時間的に集中して食事をとることができるようになる。表1のヒトの特性のリストのなかには、「決まった食事時間」があるが、1日2度や3度の決まった時間帯に食事をするというヒトの習性（文化的習慣の側面があるにしても）は、火による調理がもたらしたものだ。これによって、ヒトは、そこで浮いた時間をほかのことに使えるようになった。

†調理――ヒトの能力の総結集

調理は、食材の加工に火を使うということだけではない。そこではさまざまな能力が活用されている。日常的になにげなく行なっている調理が、いかに私たちの能力を結集させたものかを少し考えてみよう。

いま、趣向を凝らしたご馳走を作るとしよう。食材の調達や選択に始まって、それをどのようにどれぐらいの大きさに切り、どのようにどれぐらい熱を加え、どのような味に仕上げ、ほかのどんな食材と合わせ、どのように盛るか。これには、食材についてのさまざまな知識が必要になる。栄養の知識もなくてはいけない。頭のなかに入っているレシピも参考になるだろう。そして重要なのは、順序や手順、いわゆる段取りである。タイミングが決め手になるし、場合によっては同時並行で複数の料理も作る。一種の実験や試行錯誤もする。そして基本的なことだが、食材を的確に切り刻んだり丸めたりするのには、運動スキル、手際のよさが必要だ。もちろん、味と匂い、舌触りと彩りを思い通りにするために、五感が総動員される。それは、ハーモニーとかオーケストレーションという表現がふさわしい。料理は、ヒトの能力が総結集してできあがるものなのだ。

以上を、脳のなかでどのようなことが起こっているかという点から言い直してみよう。食材の知識が呼び出され、過去のレシピが検索され、味やにおいの記憶が取り出されて照合され、いま進行しつつあることを一時的に記憶し、これからなにをするかという当座のプランを立て実行し、作業の完了時点を判断する。的確な動きの指令を体の各部に出し、五感も研ぎ澄まされた状態になる。このように、調理をしている時には、頭のなかでは驚くほどさまざまな領野が活動することがわかるだろう。

私たちは食べることに貪欲だ（テレビでもグルメ番組は定番である）。これは当然だ。それが生きる上で最大の関心事だからだ。それには、私たちの能力、そして知恵、さらには過去から伝授されてきた食物や調理法についての知識がフルに活用される。これは、食料の貯蔵や保存方法に始まって、発酵が関係する酒やワインの醸造法、醤油や味噌や漬物の作り方、チーズやヨーグルトなど乳製品の作り方まで、多岐にわたる。それは、私たちの祖先が実験と試行錯誤を繰り返して得た結果の継承だ。食が文化たるゆえんである。

私たちは、このような炊事、そして洗濯や掃除といった毎日なにげなくしていることを、なにげなくしているがゆえに、とてつもないことだとか、ヒトをヒトたらしめていることだとか思うことが少ない。しかし、それらは、私たちの祖先が長い年月のなかで磨いてきた能力が生み出す営為なのだ。洗濯や掃除も、なにをどのようにどのような順序でこなしてゆくかを決める上で、知力と知恵を必要とする（頭や身体を使わず、全自動洗濯機やルンバのような自動掃除機に頼る場合は別）。洗濯や掃除は、表1のヒトの特性には入っていないが、加えてしかるべき候補かもしれない。

†火の管理と調節

火を恒常的に使うようになると、できるだけ簡単に火をおこす工夫や仕掛けはもちろん必要だったが、火がおきたあとは、それを絶やさないようにすることが不可欠になった。寒いなかで火が絶えてしまうことは、死を意味することもあったからだ。現代でも、状況しだいでは、同じことがそっくりそのままあてはまる。

火の勢いの調節には、（火吹き筒といった道具を用いることがあったにしても）口で息を吹きかけた。図14に示した火男《ひょっとこ》の顔がそのよい例だ。このことに対応して、多くの言語では、火を指す名詞は、日本語の火《ひ》のように、頭が「はひふへほ（あるいはぱぴぷぺぽ）」で始まる。私の知る外国語では、中国語で火《フォ》、朝鮮語で불《プル》、英語でfire《ファイアー》、フランス語でfeu《フー》、スペイン語でfuego《フエゴ》、ドイツ語でFeuer《フォイアー》である（あとの4つは同語源だが）。これは、火《ひ》や炎《ほのお》を吹《ふ》く際のその音に由来するからなのだろう（「吹《ふ》く」もそうだ）。ほとんどの単語は、構成する音が恣意的に決まっている（つまり、音と意味されるものの間に必然的関係はない）が、火の場合は必ずしもそうは言えないことになる。

火の調節は、フ《ふ》ルートや笛《ふえ》とも無関係ではない。火吹き筒など、火を吹くための筒状の道具は、フルートや笛のようにも見える。笛は、古いものでは3万6000年前の遺跡から出土している（図20）。これらに共通するのは、息のコントロール、とくに吐く息の調節である。息をこめて一気に吹きかけること、断続的に吹くこと、息を長時間止めること、あるいは同じ強さで長時間吹き続けることは、ほかの霊長類ではするのが難しかったり、できなかったりする。

こうした息の調節は、言語音の発声の制御——専門的には「調音」と呼ばれる——のもとにある。したがって新説（珍説？）として、ヒトは長らく火を吹くことをしてきたため、調音もできるようになった、つまり火を吹くことが言語を生んだという説を出すこともできるだろう。時間的な因果関係はいまのところ明確にはわからないが、言語音の発声、笛やフルートを吹くこと、火の調節の3者は、息の調節という点では密接に結びついている。3万6000年前の祖先はおそらく、息を吹いて火の加減を調節し、しゃべり、笛も吹き、

図14　火男（ひょっとこ）
チューをしたがっているわけではない。

そしておそらく歌ったりもしていただろう（コラム4も参照）。

コラム4　ホモ・リデンス（笑うヒト）とはひふへほ

動物は笑うことがあるだろうか？　この問題を最初に考えたのは、あのチャールズ・ダーウィンだった。表情やそのもとにある感情の進化を問題にしたのだ。笑うという表情（そしてそれを引き起こす感情）について言えば、ほとんどの動物ではこれが見られない。彼は、笑いが系統発生的にヒトに近い動物でやっと見られるようになると論じた。チンパンジーは、楽しい時やうれしい時には、口を横に開いて歯を見せる。これがヒトの笑いに対応する。

本文では火と「はひふへほ（ぱぴぷぺぽ）」の発音の対応について述べたが、笑う（英語のラフ laugh に相当する）場合も、（日本語では）ははは、ひひひ、ふふふ、へへへ、ほほほ、というようにはひふへほだ。ヒトの笑いは、息の吐き出し、息の解放をともなっている。その吐き出しは一息で、断続的に行なわれる。これに対して、チンパンジーの笑いは、息の吐き出しと吸い込みが交互に来る。

笑い研究の第一人者、ロバート・プロヴァインによれば、会話中の笑いを調べてみると、笑いが、おかしいところや会話文の最初などよりも、ちょうど文の区切りを示すかのように会話文の最後に頻出することを見出している。私たち自身の気づかぬところで、笑い声は、たんなる笑いにとどまらず、会話中で重要な役割をはたしていることが考えられる。

†火と明かり――ヒトの文明のしるし

火や明かりは、ヒトがそこで生活しているという証拠である。夜に山で道に迷った人が明かりを見つけて安堵するのは、そこに人間がいると確信できるからである。そして無数の明かりや多色のイリュミネーションが織り成す都市の夜景は、生きている文明の象徴《しるし》だ。それは宇宙から見てもはっきり確認できる。

しかし日頃は、私たちはそれらがもたらす恩恵と有難さにあまり気づかずにいる。大災害や大停電のように火や明かりが使えない状況に陥った時になって初めて、それらがないと、私たちがまったく無力な生き物になってしまうことを痛感する。ダメ押し風に繰り返すと、この地球上で火を使う生き物はヒト以外におらず、それが私たちをヒトにしてくれているのだ。

さて最後に、手偏の漢字の時と同じように、ここでも火偏や烈火の漢字を列挙してみよう。焼く、焙る、炒る、煮る、煽る、炊く、蒸す、燃やす、熱する、灼く、燻す、燥く、炙る、燈す、煙る、煤ける、煽る、焦がす、煎る、煌めく、烙く、炎、爆、炸、燐、燭、炬、炉……。これもまだまだある。

その多さは、火がいかに役立ってきたかの証《あかし》だ。スポーツの祭典、オリンピックでは、アテネで太陽の光を集めて点された火がいろんな国を駆け抜け、最後は開催国の会場の聖火台に点し継がれる。聖火ランナーたちがどこまで意識しているかはわからないが、火を絶やすことなく受け継ぐことの重要性——私たちの祖先にとってきわめて重要だったこと——は、いまもここでシンボリックに生き続けている。

†大きな脳、その副産物

さて、次は脳だ。ほかの動物に比べ、ヒトの脳はきわめて大きい。自慢できるほどの大きな脳、これもヒトの特徴だ。

チンパンジーの脳は、私たちヒトの3分の1の大きさだ。600万年前の私たちの祖先もおそらくその程度の大きさだった（図15）。つまり、ヒトの脳は、この600万年の間に3倍の大きさになった。巨大化が始まるのは250万〜200万年前頃からだ（ちょうど簡単な石器を製作するようになった頃に対応する）。そして25万年前にはすでに、現在と同じ大きさ、1350ccになっていた。増大の期間だけに限れば、200万年間に3倍の大きさになったことになる！

脳が大きいほど、多くの情報を処理も貯蔵もできるから、脳はできるだけ大きいほうがよいと思う人もいるかもしれない。しかし、当然ながら、いいことずくめではない。

ひとつは、前述のように、身体全体のエネルギーの4分の1を消費するエネルギー食いの器官だということである（まるで一時代前の燃費の悪いアメ車のようだ）。たえず大量の栄養を補給している必要があるのだ。まえのところでは、進化の過程で、食べ物、とくに肉を火で調理することによってこれが可能になったという仮説を紹介した。

ヒトでは、脳とそれを収納している（ヘルメット役の）頭蓋は大きく重くなった。この大きな頭が母親の狭い産道を通り抜けなければならない。二足直立歩行をするための骨格上の制約から、ヒトの産道の広さはすでに限界状態にあり、これが母親に痛み（いわゆる陣痛）をもたらすことになった。同様に、産道を通る時に頭を圧迫される赤ん坊のほうも、痛みを経験するようになった。悪条件が重なった場合には、赤ん坊が産道をうまく通り抜

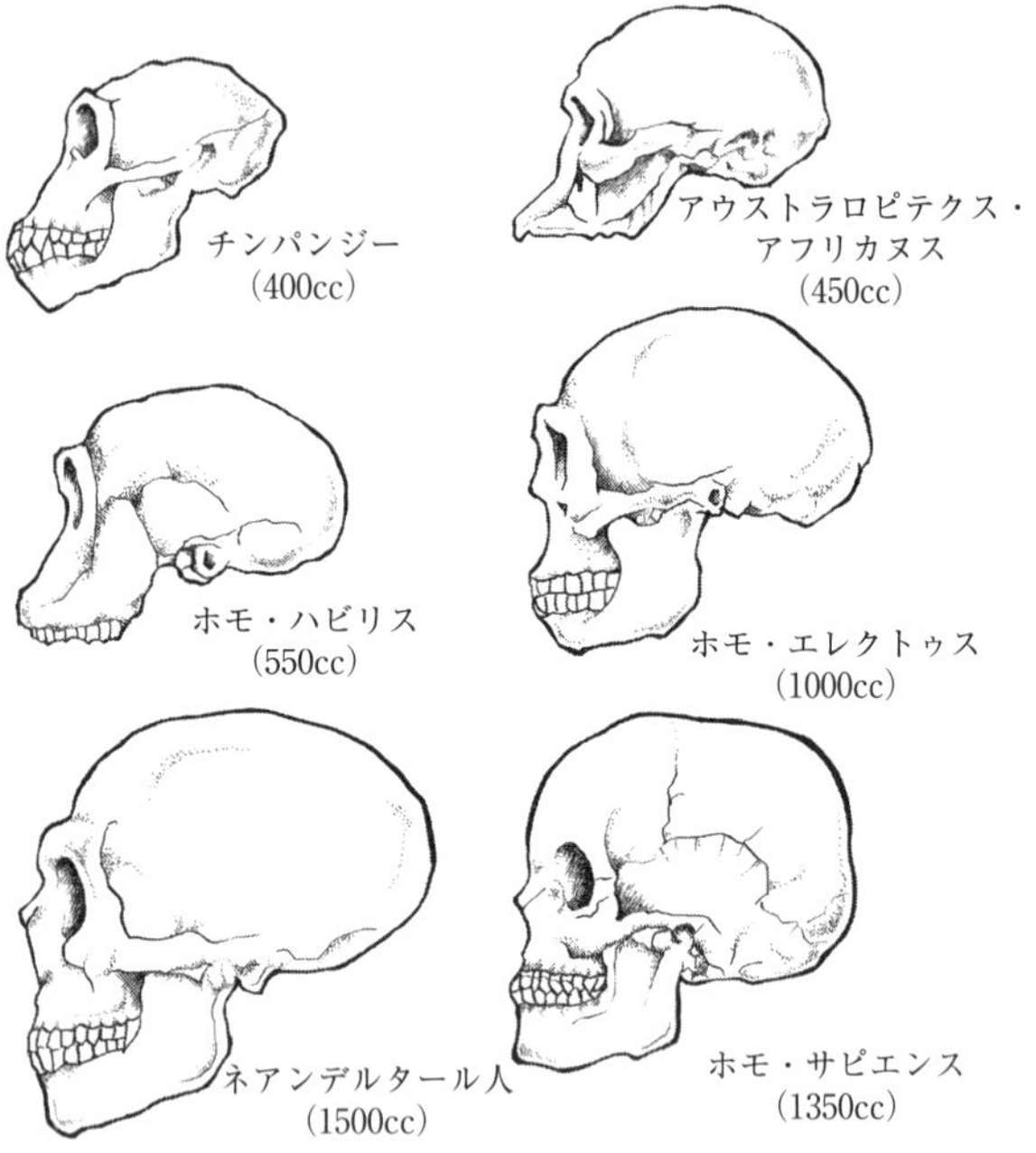

図15　ヒトの脳の進化

チンパンジー、化石人類、現生人類（ホモ・サピエンス）の頭蓋の比較。数字は脳容積。バートンら（2009）より作成。

けられないこともある。ほかの動物に比べ、ヒトでは、合併症も含め、出産のリスクは驚くほど高い。

とはいえ、新生児の頭は、この大きさでも妥協の産物だ。産道を通れるぎりぎりの大きさで生まれてきて、その後脳はさらに成長し、4倍の大きさになる（チンパンジーでは、この値は1・7倍だ）。つまり、新生児の脳はまだ完成品ではないのだ。実際、頭は生後もさらに大きくなって形が変わる。脳のヘルメットである頭蓋はそのため変形可能なように隙間（泉門《せんもん》）があって、やがてこれがふさがって頭蓋が完成する。これには1年から1年半を待たねばならない。

さらなる成長と発達が控えているにしても、新生児の頭は異様に大きい。成人が8頭身なのに対して、新生児は4頭身だから、いかに頭デッカチかわかるだろう。重い頭は、最初自分では支えきれない。支えることができるようになる（いわゆる「首が座る」ようになる）には、3ないし4カ月を待たねばならない。首が座って頭を自分で持ち上げることができるようになって初めてハイハイができるようになり、やがて自分で立って歩くことができるようになる。これにほぼ1年がかかる。ヒトは、1歳を過ぎるまで、自分で移動することもできないのだ。これは、動物界ではかなり例外的なことだ。

脳そのものも、基本的体制が整うのにおよそ1年を要し、その後も発達し続ける。社会性に関わるとされる前頭前皮質は、とくに成熟が遅く、20年を要するとも言われている。社会的に一人前になるのに驚くほど長い時間がかかること——これもヒトの重要な特徴だ——は、脳の成熟や発達の点からもそう言えるのだ（第三部で詳述しよう）。

†前頭前皮質、小脳と側頭葉内部

もちろん、ヒトの脳が600万年前の祖先から3倍の大きさになったと言っても、どの部分も均等にスケールアップされたわけではない。とくに拡張された部分がある。これらの部分こそ、ヒトのヒトらしさを生み出していると考えられる。

では、それらはどこか。ここでは、おもなものとして次の3つの部分をとりあげよう。それらとは、前頭前皮質、小脳、そして側頭葉や前頭葉の内部である（なお、ここではジェレミー・テイラー『われらはチンパンジーにあらず』［2013年］を参考にしているが、異論がないわけではない）。

まずひとつめ。大脳は4つの葉《よう》からなるが、そのうちまえの部分が前頭葉だ（図16）。大脳では、ニューロン（神経細胞）は、皮のように薄い大脳表面の部分（「皮質」という）

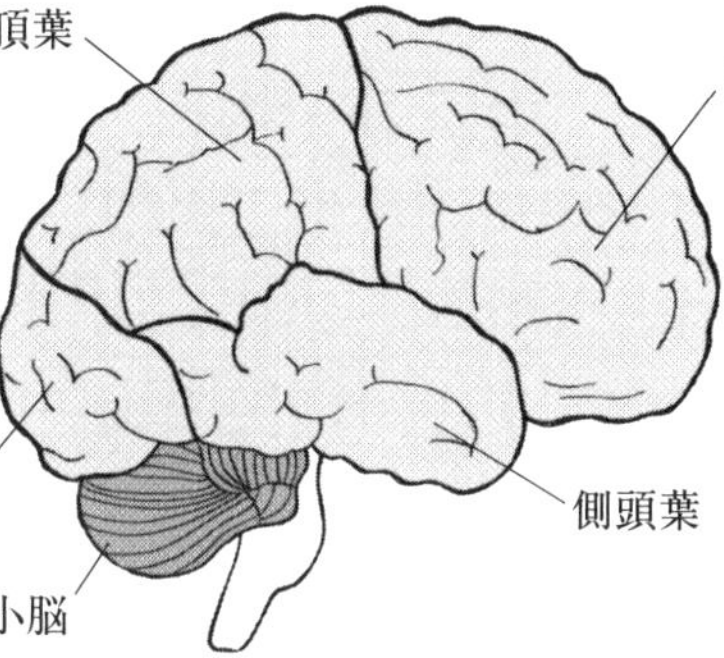

図16　ヒトの脳
大脳（右半球）の４つの葉と小脳。

に詰まっている。前頭前皮質とは、前頭葉のまえの皮質部分だ。ヒトではこの部分が大きくなり（600万年間で6倍になったという試算がある）、しかも複雑な作りになって、さまざまな機能が入るようになった。

意外に思う人もいるかもしれないが、実は、前頭前皮質がどのような機能を担っているかは、最近まであまりよくわかっていなかった。というのは、脳のほかの部分は対応する部分がほかの動物にもあるので、動物での実験にもとづいてヒトの脳についてある程度推測することができるが、前頭前皮質はヒトでのみ顕著なので、知りたいことを動物実験から知るにはかなり無理があったからである。ところが、脳機能画像技術（fMRI、PET、MEG、光トポグラフィなど）の登場によって、ヒトでの脳活動の計測が可能になったおかげで、前頭前皮質の機能が明らかにされ始めた。ここは現在、脳研究のなかでもっとも熱い注目を集めている部分であり、発見が次から次へとなされつつある。

それらの研究からわかってきたのは、前頭前皮質が、自分のいましていることを意識的にモニタリングすること（「ワーキング・メモリー」と呼ばれる）や、未来のことを順序立てて考えること（プランニング）に関わっているということだ。複雑な計算を頭のなかでする時や、過去の手を思い出しながら先の手も考えるといったように、チェスや囲碁をする時には、ここを使っている。さらに、この前頭前皮質は、社会的な行動のコントロール（たとえば不適切な行動の抑制）にも、また道徳的判断やリスクの判断、そして他者への共感にも関わっていることもわかってきた。このように、前頭前皮質は、一言で言ってしまうと、現在や未来の行為、そして共感や倫理的判断といった社会性に関わる処理を担っている。

2つめは小脳だ。小脳は、ヒトでは、大脳に囲まれるようにして、脳の後部の内側に入り込んでいて、目立たない（図16）。しかも、小脳というネイミングのせいで、マイナーな役割しかもっていないという印象を与える。重さの点ではヒトの脳全体の10％を占めるが、そのニューロンの推定数は1000億だ。大脳皮質のニューロンの数140億と比較すると、小脳のほうが格段にニューロン数が多い（小脳は大脳のような皮質構造をしていない）。そして大脳皮質と小脳の間にはきわめて密な連絡があることもわかっている。

この小脳こそ、身体の微妙で精密な動きに欠かせない。身体の動きの指令は前頭葉後部から出されるが（前出図8参照）、その指令に従って、実際に個々の筋肉の動きの調節や順序やタイミングを調節するのは小脳であり、そうした動きが記憶されているのも小脳だ。たとえば、使い慣れた道具の操作や楽器の演奏が行なえるのも、小脳がうまく機能するおかげだ。ヒトの器用さ、とりわけ視覚運動協応も、この小脳が視覚情報を処理する脳領域と連携することによって可能になる。言語についても、小脳が、大脳皮質からの指令を受けて、発声（調音）の際の声帯、喉、舌や唇などの動きの細かな指示を個々の筋肉に送っている。

そして3つめは、側頭葉から前頭葉にかけての白質と呼ばれる内部の部分だ。ヒトでは、ここが大きく膨らんだ。内部はニューロンから出る（あるいはニューロンに行く）神経線維で満たされているので、ここが膨らんだということは、ほかの領野との連絡を密にするための厖大なケーブルが張り巡らされるようになったということを意味する。なかでも側頭葉と前頭葉の間には密な連絡がある。

こうした構造は、とくに言語機能と関係している。ヒトの言語の処理は、おもに左の脳でなされるが、そのうち言語の理解を担当しているのが、側頭葉のウェルニッケ野と呼ばれる領野だ（図17）。一方、言語の理解をもとに表出（発話）を担当しているのは、前頭葉のブローカ野と呼ばれる領野である（このブローカ野は、大脳基底核と小脳と協働することで、発話をもたらす）。ブローカ野とウェルニッケ野は、弓状束《きゅうじょうそく》という神経線維の太い束で結ばれている。つまり、側頭葉の内部の部分が膨らんだことは、ひとつには、言語の理解と表出の緊密な連携を反映している。

以上のことから、ヒトは脳の点からとくにどうなったと言えるかをまとめてみよう。第一に、自分のいましていることや感じていることを意識的にモニターできるようになり、先のことを考えることもできるようになった。第二に、社会生活に必要な道徳的判断、行動の抑制、他者への共感などの能力ももつようになった。第三に、身体の動き、なかでも手足の細かな動きが可能になり、道具などを器用に操ることができるようになった。そして第四に、言語の発話（調音）と理解の連携がよくできるようになった。このように、ヒトらしさのさまざまな側面、ほかの動物と決定的に異なる特性は、対応する進化を脳のな

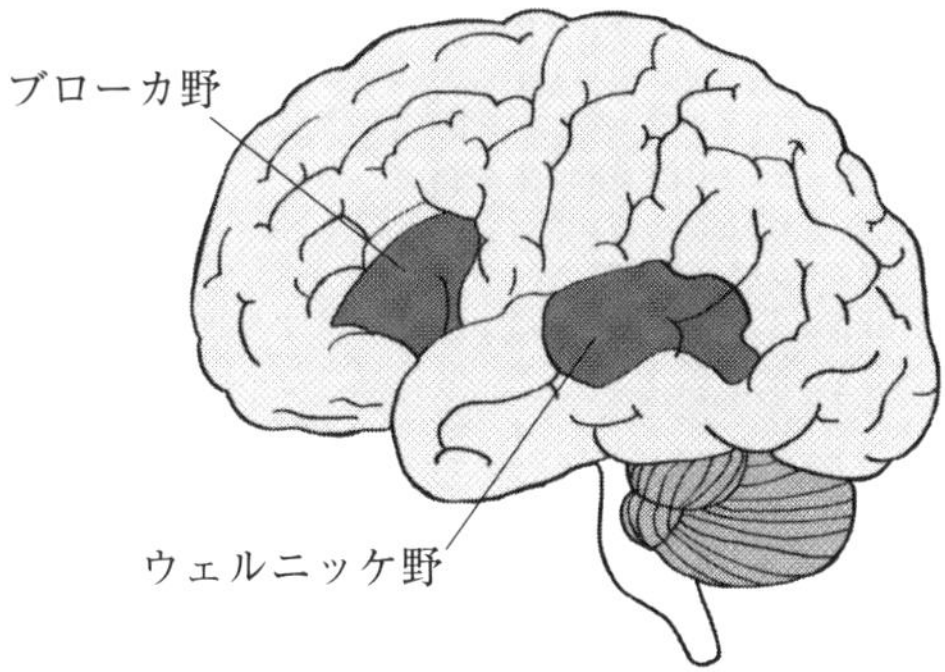

図17　ヒトの脳（左半球）の言語野
ブローカ野（前頭葉）とウェルニッケ野（側頭葉）。

かに見ることができる。

†言語能力――脳と操作能力

次に、ヒトの言語と言語能力について見てみよう。

ヒトの言語は、基本は音声言語である。発話する際には、息を吐き出しながら、声帯を振動させてその息を口蓋にぶつけ、舌や歯や唇の状態を変えていろいろな音に区切る（「調音」と呼ばれる）。この区切った音をつなげて、単語が生み出される。チンパンジーはこうした発声ができない。というのは、彼らの発声器官はそれを可能にする構造になっていないからである。

ヒトのこうした調音は、ヒトの首が長くなり、喉頭が下がって咽頭が長くなったことによっている（図18）。これは直立姿勢の副産物であり、したがってヒトの言語能力も間接的には直立姿勢の賜物だと言える。もちろん、直立姿勢になってすぐに言語能力が出現したわけではないだろうが、少なくともこれによって、音声言語を可能にする発声と調音の前提条件が整った。

では、ヒトはいつからことばを話していたのだろう？　声は残るものではないし、ことばを話し理解する役目の脳も腐って残りはしないから、これには答えられないように思える。ところが、脳の容れ物である頭蓋は、偶然が重なった結果まれに残ることがあり、この内側面の形から脳の形を推測できる。現代人の脳のブローカ野にはふくらみがあるが、フロリダ州立大学の自然人類学者、ディーン・フォークによると、190万年前の化石人類の頭蓋の内側にもそうしたふくらみの痕跡が認められるという。もちろん、その部分が言語に用いられていたかどうかはこれだけからはわからない。

25万年前の初期のホモ・サピエンスの脳は、現代人とほぼ同じ大きさである。単純に脳の大きさが言語能力を生じさせる前提だったと考えるなら、彼らも言語能力を有していた可能性がある。

別の証拠は、ごく最近、遺伝子解析による研究からも得られている。2001年、ブロ

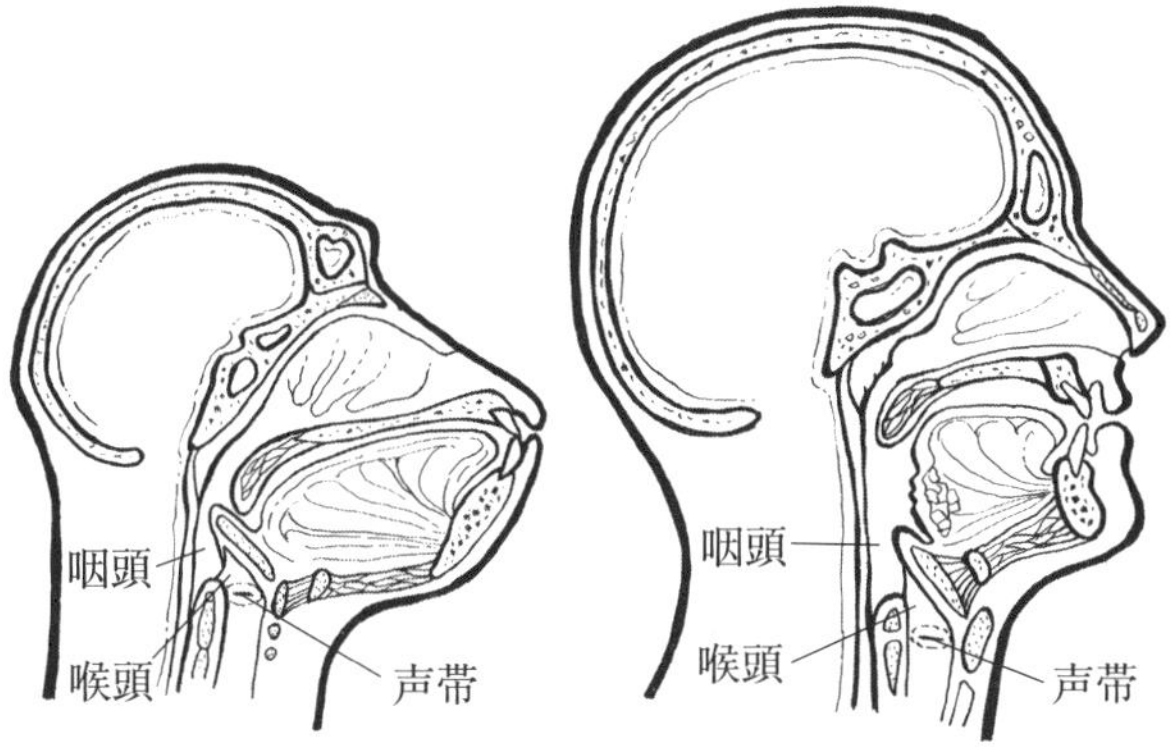

図18　ヒトとチンパンジーの発声器官の比較
ヒトの喉頭はチンパンジーの喉頭に比べ下の位置にあり、それによって咽頭内の空間が広くなっている。Lewin（1993）より。

ーカ野で発現する、言語能力に関係する遺伝子が発見された。ＦＯＸＰ２と呼ばれる遺伝子である。このＦＯＸＰ２は、ヒトでは単一のタイプだけが存在し（つまりヒトであればだれでももっている）、この遺伝子に異常がある人の場合には、発話に障害が見られたり、文法の習得が困難だったりする。チンパンジーはこのタイプの遺伝子をもっていない。

２００７年、ドイツのマックス・プランク進化人類学研究所のスヴァンテ・ペーボのチームは、ネアンデルタール人の化石人骨の骨髄に残っていた細胞のなかからＤＮＡを抽出し、その塩基配列の一部を解読することに成功した。その解読した部分には、

FOXP2遺伝子も含まれており、そのDNA配列は私たちホモ・サピエンスと同一だった。ホモ・サピエンスの祖先とネアンデルタール人の祖先が分岐するのはおよそ50万年前のことだ（すなわち、この時期には両者の祖先は共通だった）から、その時代の人類も（もちろん初期のホモ・サピエンスもネアンデルタール人もだが）、ことばを話すだけの能力はもっていた可能性がある。

しかし、前述のように（54・55頁参照）、25万年前頃に複雑な石器が現われ、とりわけ5万年前以降に洗練された石器が現われるということが、手による「操作」能力の向上の反映と考えるなら、言語能力もその頃に本格的に開花したと考えるのが無難かもしれない。言語も、「操作」――言語音を並べて単語にする、単語を並べて文を作る、単語の形を規則に従って変化させる――がその根幹をなしているからである。

†言語の自然習得の臨界期

言うまでもないことだが、ヒトは、生まれてきてすぐしゃべれるわけではない。声を自分でコントロールしてしゃべることができるようになるには、成熟と発達の長い期間が必要である。生後2カ月から3カ月目ぐらいから、アーとかクーとかいった1音節の声を発し始め（「クーイング」）、生後半年ぐらいで意味をもたないババ、バブ、ブーブといった2音節の喃語《なんご》（英語では「バブリング」という）が出現する。1歳をすぎるあたりから意味をもった単語（初語《しょご》）が出てくる。ひとつの単語で言いたいことを表現する一語文の時期である。そのうち、使える単語の数も少しずつ増えてゆき、文も二語文や三語文になる。そして2歳半から3歳を過ぎる頃に、ことばの「爆発」が起こる。語彙が爆発的に増え、一気にできるようになってゆく。これから言えるのは、まわりで話されていることばの音声を区別し、発音し、理解し、記憶するというシステムの構築が実は水面下で着々と進行しているということだ。それがほぼできあがって、2歳半から3歳頃に一挙に表面化するのだ。

まわりで話されている言語は、幼ければ自然に習得される。個々の発音の聞き分け方や発音のしかた、単語の構造、そして文を構成するためのルールが、日常的な生活や遊びのなかで自然に身についてゆく。日本語の環境のなかで育てば、放っておいても、日本語ができるようになるし、英語の環境のなかで育てば、自然に英語が身につく。

しかし、言語のこうした自然の習得には、時間的な限界、「臨界期」がある（**コラム5**も参照）。その言語のネイティヴ・スピーカーになるには、10歳とか12歳（完璧な聞き取りや発音ということなら5歳とか6歳）ぐらいまでが限界である。大ざっぱに思春期を迎える頃までと思ってもらってもよい。これぐらいまでの間に、その言語の環境のなかに浸りきらなくてはいけない。

ということは、この臨界期を過ぎてから言語を一から習得しようとしたら、自然な形での習得は困難になる。もし、生まれてから臨界期までの間に、言語に触れる機会がまったくなかったとしたら、その後言語を習得しようとしても、ほぼ不可能な結果に終わると推測される。

実例のひとつは、1970年にロサンゼルスで保護されたジニーという13歳の少女のケースである。彼女は13年間両親に軟禁された状態ですごし、ことばのない環境で育った（両親は彼女のまえではことばを話さなかった）。保護された時、彼女はことばをまったく解さなかったし、その後4年にわたって専門家による教育が行なわれたが、言語の能力はほとんど進歩しなかった。

実は、私たちの多くも、この臨界期を身をもって体験している。臨界期を過ぎてからの外国語の習得である。たとえば私の場合、英語を中学になって習い始めたが、当然ながら自然には習得できなかった。厖大な時間を費やして発音を習い、単語を覚え、熟語や慣用句を覚え、文法を覚えて、その挙句なんとか読み書きに困らないレベルになった程度だ（話したり聞いたりするのは困ったレベルのままだ）。とはいえ、外国語をまったく習得できないわけではない。習得済みの日本語を土台にして習得してゆくことは可能だ。

逆に、臨界期のなかであれば、複数の言語の環境にさらされることで、自然に複数の言語を習得することも原理的には可能である。いわゆるバイリンガルやマルチリンガルである。「原理的には」と書いたのは、どちらの言語もネイティヴ・スピーカーと言えるまで完璧にできるようになるためには、それぞれの言語の環境に十分に浸りきらねばならないからである。つまり、それを保証するだけの生活環境と時間が必要になる。通常は、どちらの言語も完璧にできるようになるのは難しいことが多いが、不可能ではない。

では、なぜ臨界期があるのだろう？　外国語の習得に四苦八苦している人なら、そういう疑問をもつかもしれない。祖先の時代のことを考えてみよう。人は生まれた場所で育ち、そこか、そこからそう遠くない地域で、すなわち同じような言語を話す人々の間で一生を送ることがほとんどだった（冒険心をもって遠くまで行く人もいたかもしれないが、集団での移動なら、集団内のことばによるコミュニケーションには困らなかったろう）。だから、ひとつの言語を習得するだけでこと足りた。その習得は、おとなとして社会のなかで生きてゆく以前に完了している必要があった。母語を異にする人どうしがコミュニケーションをとり合うという状況が生じたのは、進化の長い時間のなかではごく最近のことであり、とりわけグローバル化が進む現代にそれが顕著になった。これによって、臨界期以降での新たな言語の習得が必要になるという状況が生じたのだ。

コラム5　鳥のように——空飛ぶ霊長類

ヒトは鳥みたいだ。そう思う時がある。近縁であるはずのチンパンジーやゴリラよりも、鳥に似ているように見えてしまうからふしぎだ。こう思うのは、私だけではない。マイケル・コーバリスも『言葉は身振りから進化した』(2008年)のなかで、これと似たようなことを述べている。

鳴禽類《めいきんるい》の鳥の多くはさえずるだけでなく、成熟すると、(とくにオスは)子どもの頃に覚えた歌を歌う。しかも、こうした鳥の歌は、ヒトの言語と同じで、覚えるのには臨界期がある(最近、鳥の場合も、ソングの習得の時期には脳のなかでFOXP2遺伝子[ヒトとはタイプが異なるが]の発現が活発になることがわかっている)。ヒトも歌を歌い、歌は生活に欠かせない。国歌や校歌や応援歌、民謡、童謡や子守唄、流行歌、コマーシャルソング、自家製の歌など、歌はそこらじゅうで歌われ、耳に入ってくる。男女がデュエットしたり、みなで歌うこともある。

鳥は踊る。羽を広げて、オスとメスとがシンクロしたダンスをすることもある。ヒトも、踊りは得意だ。フォークダンスから、ソーシャルダンス、スクエアダンス、タップダンス、盆踊り、フラダンス、サンバやフラメンコ、そしてバレエまで、踊る機会はいたるところにある。男女が手をとりあって踊ることも多い。

鳥では、歌も踊りも、配偶相手獲得のためのもの、すなわち求愛のためのものだ。歌は、オスからメスへのラブソングだし、踊りもオスからメスへの求愛のディスプレイである。それに引きつけられれば、メスはそのオスのそばに行ったり、一緒に同期して踊り出したりする。ヒトの場合も、どれだけうまく歌い踊れるかは、そして相手の歌や踊りにどう応えるかは、恋愛の駆け引きの重要な要素である。ほかの霊長類の恋の駆け引きはこうではない。彼らは歌わないし、踊りもしない。

視覚的な美的感覚も、鳥とヒトとでは似たところがある。たとえば羽や羽飾りの色彩や対称性など、見た目の美しさの重要性は、ヒトのファション、髪型、身体装飾に通じるものがある。人間のように、光り輝くもの、宝石に魅せられる鳥もいる。

それにヒトは、鳥のように空も飛べる。熱気球、パラグライダー、ヘリコプター、飛行機を使って、空高く舞い上がることができる。軽飛行機に乗って、渡り鳥を仲間のように誘導する人もいる。ヒトのモビリティの高さも、長距離を移動する渡り鳥の能力に匹敵する。そういえば、眠りのなかで見る夢のひとつに、空を飛ぶ夢や空から落下する夢があることは、古代から注目されてきた。なぜこのような夢を見るのだろう?（適切かどうかはともかく、フロイトがこれを説明してくれているかもしれない。）

以上のことが示しているのは、ヒトが霊長類のなかではかなり特殊な存在であり、しかもその能力や性質が可変性に富み、多様だということである。それはとりもなおさず、ヒトのもつ適応能力の高さの現われなのだ。

†手話と言語中枢

日本には日本手話があり、スペインにはスペイン手話が、中国には中国手話がある。イギリスとアメリカでは手話が別々に誕生したため、音声言語は同じ英語なのに、まったく異なる手話を用いている。個々の手話は、その手話固有の表出規則や文法規則があり、ひとつの独立した言語システムをなしている。もしあなたが手話はたんなるジェスチャーであって言語ではないとか、手話は世界中どこでも共通だとか思っているなら、それは大きな誤解である。

手話の習得にも臨界期がある。手話でコミュニケーションをとる環境がまわりにあれば、低年齢での手話の習得は、自然にかつ迅速に行なわれる。生後すぐから手話の環境にいる耳の聞こえない子どもでは、手話の喃語を発する時期もある。音声言語と手話両方の環境で育った健聴の子どもでは、音声言語の初語よりも手話の初語のほうが2カ月ほど早く出現することも報告されている。これらのことなどから、オークランド大学（ニュージーランド）の心理学者マイケル・コーバリスなどは、ヒトの進化の過程で、手話が音声言語に先行していたのではないかと考えている（第三部の「ホモ・ロクエンス——指差しと注意の共有」も参照のこと）。音声言語と同様、手話の習得も、臨界期を過ぎてからは一気に難しくなる。

ネイティヴの言語として手話を習得した場合には、その言語中枢は左脳にできる。手話を習得したのちに失語になってしまった患者を調べた最近の研究は、手話の生成に困難を示す患者ではブローカ野に損傷があり、手話の理解に困難を示す患者ではウェルニッケ野に損傷があることを見出している。つまり、手話も、音声言語と同じ脳の領野を使うのである。

なぜ、音声言語も手話も、使うのは左脳なのだろうか？　全般的に、左脳は、右脳と比べて逐次的な処理――すなわち、順序に沿ったものごとの処理――を得意とする。音声言語も手話も、時系列に沿って（そして文法に則って）発話を組み立てる（あるいは解読する）という点ではこの処理様式に則っている。

こう書いてくると、大脳の各領野の機能は最初から明確に決まっているという印象をもたれた方もいるかもしれないが、必ずしもそうではない。実際には、各領野の機能は脳の発達のプロセスのなかで固定化されてゆく。つまり、機能の固定化は、経験を通して起こり、それには時間がかかる。このプロセスのなかで、場合によっては、ある機能が通常とは異なる脳領野に固定化することがある。

たとえば、生後の発達の初期の段階で大脳の一部が使えなくなってしまった場合には、機能と領野の対応関係の再編成が起こることがある。極端な例をあげると、幼い時に片方の大脳半球のほとんどを外科手術で取り去った場合、その取り去った部分が担当するはずの機能が、残っている部分に入り込むことがある。（詳しく調べられている例は、3歳半で右半球の大部分を切除したニコという少年の例だ。その後、切除部分が担当するはずだった機能を左半球が担当するようになり、彼は生活に支障がないまでに回復した。）

このように、脳は驚くほど可塑性に富む。ただし、これは大脳が発達途上にある時にほぼ限られる。それぞれの機能が大脳の各部分に固定化されてしまうと、それを編成し直すことはほぼ不可能になる。これらのことを踏まえると、母語の習得は、幼年・少年期を通して、言語の理解や表出の機能が特定の脳部位（ほとんどの人では左脳）に専門化・固定化されてゆくプロセスとして考えることができるだろう。

†文字と読字障害

文字は、6000年前以降に世界のいくつかの地域で（楔形文字が6000年ほど前にメソポタミアで、ヒエログリフが5500年ほど前にエジプトで、漢字が4500年ほど前に中国で）発明される。これは画期的な発明だった。口伝えでしか残せなかった記憶や知識や考えを形あるものとして残せるようになったからである。それらは、石板や粘土板、あるいは骨や甲羅に記された。

文字は、臨界期内での音声言語や手話の習得とは違って、自然に習得することはできない。教育を受ける必要があるのだ。たとえば明治以前の日本。寺子屋で教えられていたのは「読み、書き、そろばん」だった。このような教育の場で、音声言語の単語との対応関係と書き方をシステマティックに訓練しないかぎり、ことばを話せて理解できても、それを示す文字を読んで書けるようにはならない。

文字を綴ることができるのは、私たちの手先の器用さの賜物だ。それを担当する部分は、音声言語と同様、訓練を通して左脳にできあがる。その部分を損傷してしまうと、文字が読めない（失読）、文字が書けない（失書）といった障害が起きる。

最近知られるようになったのは、健常者でも、子どもの頃から文字の読み書きを教わっても、読み書きに困難さを抱える人がいるということである。統計や基準のとり方によって違いがあるが、英語圏やフランス語圏ではこのような人の割合は5〜15％と見積もられている（これはかなり高い出現率だ）。この障害は、難読症あるいは「読字障害《ディスレクシア》」と呼ばれる。

読み書きがふつうにできる人では、後頭葉の視覚野で処理した情報が左脳の39野・40野（後頭葉と側頭葉の境界に位置し、それぞれ角回《かくかい》・縁上回《えんじょうかい》とも呼ばれる）という領野に送られ、ここで文字パターンが認識されて、それが読みに変換されると考えられている。読字障害の人は、この領野が文字の読み書きに関してうまく機能していない可能性が高い。一方で、読字障害の人は、読み書きが苦手な反面、空間認識の能力にすぐれていることが多いことも知られている。

このことから、次のような説明ができる。この2つの脳領野は、本来は右脳でも左脳でも、視覚的な空間認識を担当していた。読み書きを習うことによって、左脳のこの領野は、文字認識でも使われるようになった（右脳のこの領野は、依然として視覚的な空間認識を担当している）。ところが、人によっては、文字認識の機能がそこにうまく入り込めず、もとの機能のほうが強いままのことがあるのかもしれない。先ほど述べた脳の可塑性と同様、脳の領野と機能との対応関係には発達的にある程度の自由度があるということを示唆する1例である。

✝文化

次に、6大特徴の最後、文化について考えてみよう。文化の利点とはなんだろうか？それは、ひとことで言えば、自分が一からすべてをしなくていいということだ。すなわち、だれかほかの人間が考えついたものを（自分が考えつかなくても）そっくりそのまま自分のものにできるということである。

ヒトの文化を動物との対比で考えてみよう。ほとんどの動物は、文化と呼べるようなものはもっていない。彼らの場合、文化などなくても、遺伝的に受け継いでいる行動パターンだけで十分に生きてゆける。ところが、ヒトの場合はそうはいかない。あなたがいくら有能だったとしても、生活に必要な発明や発見、なにかをするコツや技術などすべてを一から独力で身につけていかねばならないとしたら、一生がいくらあっても足りないだろう。

言い方を変えると、みながみな、ひらめきのある有能な人間（発明家）である必要はない。ほかの人間が考え出したものを同じように使いこなすことができさえすればよい。これには第三部で述べる「模倣」の能力が大きな役割をはたす。

もうひとつ重要なのがことばである。ヒトみながもつ言語能力によって、ものごとの内容を互いに詳細に伝え合うことが可能になる。これら2つと、ヒト特有の「新しもの好き《ネオフィリア》」という性質が合わさって、ヒトの社会では情報の伝播の速さと広がりは驚くべきものになる。流行や噂がいかに速く伝わるか（逆に、それに対する世間の関心がいかに急速に冷めてしまうか）、私たちのまわりに例はいくらでも転がっている。

人類の文化の伝達は、この数百年で大きな変化をとげた。とりわけこの数十年での変化には目覚ましいものがあり、いまも変化の最中《さなか》にある。それまでは（長きにわたって）知識や情報がおもに世代間で、いわば縦方向に受け渡されていたのに対し、印刷や写真といった複製技術の発明以降、さらには電話やテレビやインターネットなどの通信・配信技術の登場以降、同時代・同世代内で横方向に受け渡されることが圧倒的に多くなった。ベストセラーが発売日に数百万部を売り切り、どうでもいいようなゴシップでさえ、ネットワークを介して世界中に同時に配信される。人類全体にとって、情報や知識の共有がこれほど大規模になされるということは、100年前には想像もできなかったに違いない。そのような時代に私たち人類はいる。

†長寿と文化の伝達

文化的伝達は、ヒトの寿命とも大きく関係する。

これまでわかっているところでは、ヒトが長寿になったのは、そう古いことではない。セントラル・ミシガン大学の人類学者、レイチェル・カスパーリによると、過去300万年の化石人骨の寿命を推定したところ、30歳以上の人骨の割合が3万年前頃に一気に増えているという。

これは、アウストラロピテクス、初期のホモ・サピエンスやネアンデルタール人が短命であったということ、そして3万年前頃に、ホモ・サピエンスがなぜか（理由はまだ不明だ）長寿になって、子どもは自分の祖父母と接する機会がもてるようになったということを意味する。カスパーリは、これによって、長寿者が家族や親族の自覚や結束を強めるための中心的役割をはたすようになったと同時に、生きる上で知るべきさまざまなこと（すなわち文化や知識や技術）を若い世代に伝授する役割もはたすようになったのではないかと考えている。

ほかの霊長類と比べてみても、ヒトの平均寿命は、抜きん出て長い。ほかの動物の場合、生殖能力を失う時期が生物としての役目を終える時期にほぼ相当することがほとんどなのに対し、ヒトの場合には、たとえば女性は閉経しても、その後数十年は生きる。これについては、これまで、閉経後の女性は生殖には直接関わらないが、娘（嫁）の出産や子育てに関わるという点で繁殖に間接的に寄与するからだという「祖母仮説」が出されていた（では祖父はどうなんだ、たんなるおまけなのかという疑問がわくが）。

しかし、カスパーリの主張するように、祖父母の存在は、子孫の育児に寄与するだけでなく、より広く、子孫へ文化や伝統を伝授する役目を担っていたとするほうが、説明に無理がないように思える（先ほど述べたように、横方向の文化の伝達が大部分を占める現代にあっては、そして核家族化が進んでいる社会では、これがあてはまらなくなりつつあるが）。

†ラスコーに行ってみよう

さてこのへんで、第一部の締めくくりとして、実地見学に出てみよう（とはいえ、お金のかからない頭のなかでのツアーだ）。行く先はラスコー洞窟。フランス南西部、ドルドーニュ川に面したモンティニャックという鄙びた村だ。マロニエの花香る丘をのぼろう。洞窟はその中腹にある。ひんやりした洞窟の奥、あなたの目に飛び込んでくるのは、壁や天井いっぱいに描かれたヤギュウやウマなどの絵、絵、絵だ（図19）。

この洞窟の絵の発見は1940年にさかのぼる。遊んでいた少年たちが偶然見つけた。発見直後、彼らが半信半疑の考古学者をそこに案内した時、その考古学者は、自分の目のまえに広がる芸術作品に息を呑み、圧倒されたまま6時間もそこにたたずんでいたという。

これらの壁画を残したのは、クロマニョン人たちだ。描いたのは約1万7000年前。それが描かれた時のまま、1万7000年の時間を超えて見つかった。だから、とても稀有な例、一種の奇跡のように思える。ところが、このような洞窟壁画は、フランスからスペインにかけてあちこちでたくさん見つかるのだ。なかでも有名なのは北スペインのアルタミラ（発見は1879年）。アルタミラの壁画が描かれたのもラスコーとほぼ同時代だ。

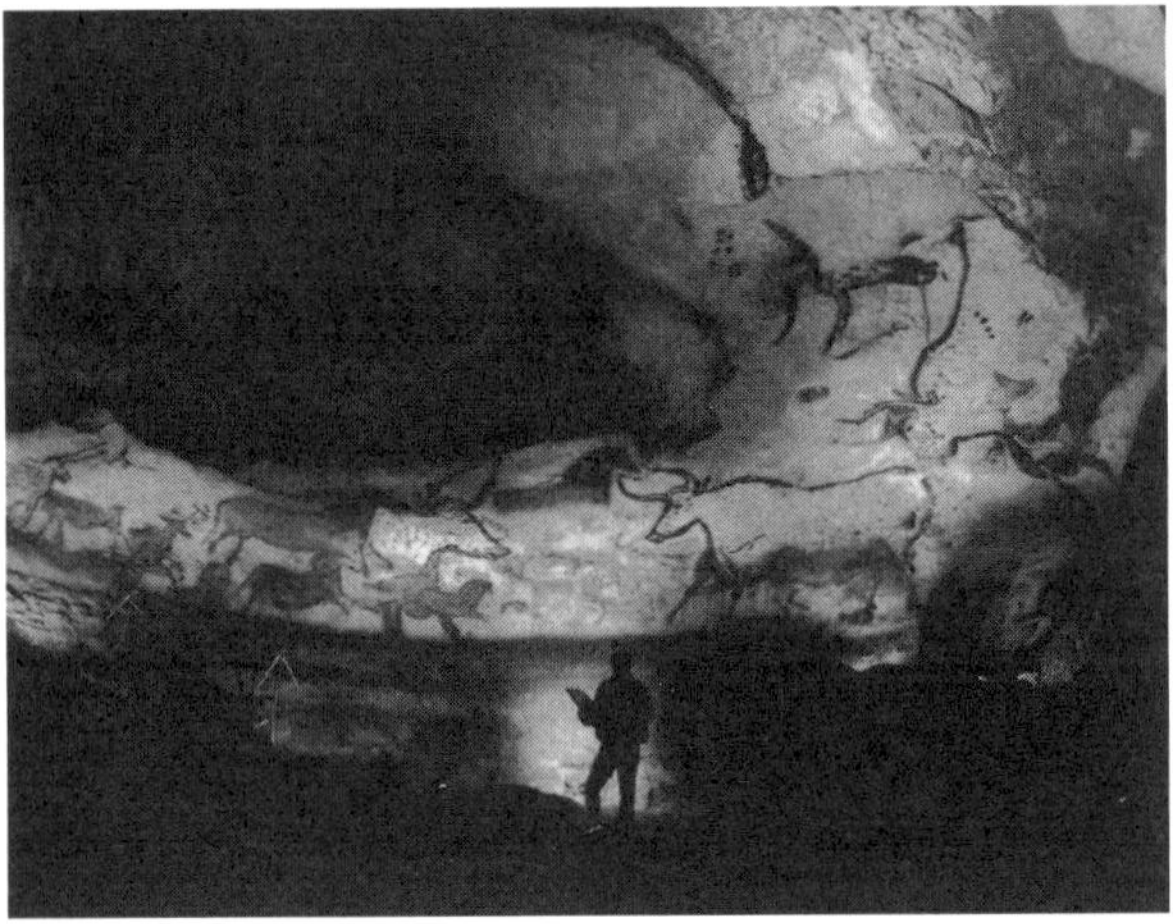

図19　ラスコーの洞窟壁画
1万7000年前頃。中央に立つ人間の大きさから、描かれた天井がいかに高いか、絵もいかに大きいかがわかる。Lewin（1993）より。

1994年に南フランスで見つかったショーヴェ洞窟の壁画は、躍動感あふれる動物たちのスケッチでいっぱいだ（絵のなかで古いものは3万2000年前のものとされている）。

なぜ、なんの目的で、このような絵を描いたのだろうか？　当然ながら、文字の発明以前で記録は残されていないのだから、この疑問には答えようがない。宗教的あるいは儀式的な意味があったのではないか。おそらくこの可能性はほとんどの人の頭に浮かぶだろうが、推測はそこで止まってしまう。

ただ確実に言えるのは、いまから

1万7000年前に、そのような絵を描ける人間がいて、そのまわりにその絵を見て心を動かされる人間がいたということだ。つまり、その時代の人々も、現在の私たちと同じような心――描画能力、芸術的センスや鑑賞眼――をすでにもっていたということになるだろう。

†洞窟壁画――クロマニョン人の技能

さらに先に進んでみよう。クロマニョン人たちはこれらの絵をどのようにして描いたのだろうか?

ラスコーの壁画は巨大だ。一番大きいヤギュウの絵は、長さが5・5メートルもある。しかも、それは洞窟の壁から天井にかけて描いてある。天井は高いところで4メートル。地面から手の届く距離ではない。そして言うまでもなく、洞窟のなかは真っ暗闇だ。描く身になって考えてやっと気づくのだが、これらの絵を描くには、手先の器用さや芸術的能力だけでなく、実は、周到な計画性と準備が必要なのである。

まずは照明だ。闇のなか、大きな壁面全体を照らすには、相当な光量の明かりが要る。先ほど紹介したように(60頁参照)、ラスコーからは、油を入れる粘土や石でできた燭台が見つかっている。わかっているところでは、照明用の油には、動物性の脂が使われていた。煤《すす》の出ない高品質の脂だった。

人の手の届かない高さの天井や壁に絵を描くのだから、彼らは、足場を組んだか、脚立に類するものを使うかしていた。壁面は、顔料（絵の具）がうまく載るように、削って均《なら》すという作業が行なわれていた。逆に、凹凸の立体感をうまく利用して絵が描かれることもあった。

顔料にも、吟味と工夫が必要だった。鉱物を粉末状にしたものに脂や樹液を混ぜ込んで、赤や黄や茶色の顔料が作られた。それらは、きわめて上質の顔料だった（1万7000年もの間劣化しない絵の具！）。顔料は、手の指で塗られることもあったが、苔、動物の毛、木の枝や葉で作った刷毛も使われた。

そしておそらく、これらの作業はひとりではできなかった。天井や壁を照らしながら、それも高いところに絵を描くのだから、何人もの共同作業だったはずだ。緊密なチームワークが必要だった。絵を描いたのは、そのなかでもとりわけ絵を描くのが巧みな個人だったろう（現代の私たちでも、絵の上手下手の個人差はかなり大きい。その時代も、モネやピカソのような才能ある人たちがいたのだろう）。アルタミラの洞窟壁画のうち有名なものは、描

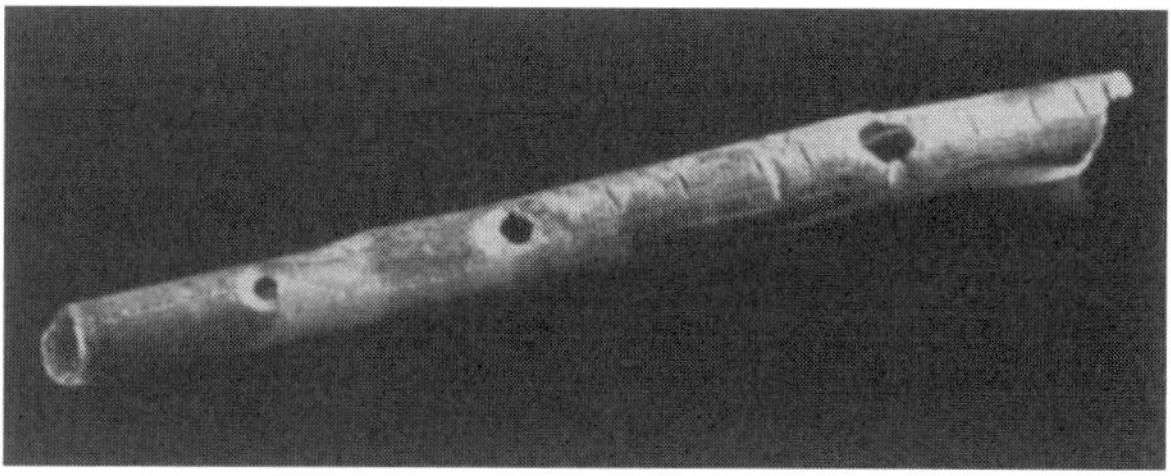

図20　3万6000年前の笛

ドイツ・ガイセンクレステルレ遺跡から出土。海部（2005）より。提供はNicholas Conard。

き方の特徴の一貫性から、ひとりの人間が描いたものと推測されている。

しかし、この時代に花を咲かせ始めたのは、美術ばかりではない。図20に示したのは、ドイツのガイセンクレステルレ遺跡から出土した笛だ。白鳥の骨から作ったもので、3万6000年前のものとされる。ほぼ同時代のフランスのイスリッツ遺跡からは、20もの笛が見つかっている。筒状の骨に、3つから7つの穴が開けられていた。文明が始まるはるか以前から、ヒトは絵だけでなく、おそらく音楽も嗜み、楽しんでいた。

書き記されたことばが人類の歴史を語る以前、いわゆる先史時代は「原始時代」で、その時代に生きていた人々は、俗に「原始人《プリミティヴ・マン》」と呼ばれることがある。その名の通り、彼らは、毛むくじゃらで、背中を丸めて歩き、振る舞いからして粗野で、ことばにならないことばらしきものを喚《わめ》き、かけらほどの理性しかもちあわせていなかった。あなたの頭にあったのは、もしかしたらそんなイメージだったかもしれない。実際、ラスコーやアルタミラの洞窟壁画にしても、教科書には小さな写真として載っているので、ほとんどの人は「原始人が書きなぐった稚拙な絵」ぐらいにしか思っていない。

しかしいま見たように、少なくとも数万年前、文明が誕生するはるか以前に、現在の私たちと同じ芸術的心をもつ人々がいた。彼らは、現代の私たちがもつ脳とほとんど同じ脳をもち、私たちと同じように、そのハードウエアの琴線を震わせるものに感動していた。ラスコーやアルタミラに行ってその壁画を見ただけで、おそらく「原始人」のイメージはどこかに吹き飛んでしまうはずだ。

†サピエンスの本質

25万年前に出現し、5万年前には現在のようになっていた、そしてその後地球の隅々まで広がったホモ・サピエンス。その名前にあるサピエンスの本質とは、なんだろうか?

ここでは次のように考えてみよう。ヒトのサピエンスの本質とは、知恵や賢さそのものにあるのではなくて、この第一部で述べてきたように、モビリティや精密な動き、手の器用さや火の使用、意思伝達と思考の手段としてのことば、そしてここでは述べなかったが社会性（第三部のテーマだ）にあるのかもしれない。知恵や賢さはそれらから派生するものなのだろう。

数十キロを一気に走れる、標的めがけてものを投げることができる、火を吹いて消せる、調理ができる、絵が描ける、生後の数年で言語をたやすく習得できる。これらはみな、ヒトなら自然にしかも容易にできることである。逆に言うと、あまりに容易にできる（しかもおもしろいほどによくできる）ので、私たちはそれができることを疑問に思うことがない。もしくはそれらができないという状況を想像できない。本書がするのは、これら疑問に思うことのないことを考えてみるという作業だ。そういうわけで、先を急ぐことにしよう。

これらの能力は、私たちの祖先の数百万年間にわたる狩猟採集生活によってもたらされたものだ。第二部では、このことを縦糸にしながら、私が重要と考えるヒトの特徴について見てみることにしよう。

第二部

狩猟採集生活が生んだもの

——家畜、スポーツと分業

†狩猟採集民としてのヒト

この数百万年間を通して、私たちの祖先は、動物を狩り植物を採集するという生活を延々と送ってきた。それは、一箇所に定住するのではなく、遊動する生活だった。鋭い爪や牙をもたず、さほど敏捷でもないヒトが、素手で狩りをするのはまず不可能だ。簡単な石器を使うようになるまでは、計画的な狩りをするというのではなく、植物の実や種、茎や根の採集に頼りながら、大型獣の食べ残した獲物か自然死した動物の肉や骨を食べていたのだろう。ハイエナやカラスと同じく、いわゆる「残飯漁り《スカヴェンジャー》」という役回りである。

狩りをし始めるのは、250万年前以降おそらく簡単な石器をもつようになってからだろう。そしてホモ・サピエンスの出現以降（25万年前以降）、とくに石器が多様化した5万年前以降——骨角器、返しのついた尖頭器、弓と矢、投槍器といったすぐれた飛び道具も登場してから——狩りは本格化し、用意周到で計画的なものになった。さまざまな罠や落とし穴などの仕掛けも用いられただろう。

第一部の最後で紹介した数万年前の洞窟壁画のほとんどは、ウマやシカやヤギュウ、トナカイやマンモスなどで埋め尽くされている。まれに人間が描かれていることもあるが、それは狩りをしている時の人間だ。その時代のヒトにとって、狩猟がいかに重要で、生活の中心をなしていたかが、そこから見てとれる。

この長い時間のなかで、私たちヒトの身体と心は、狩猟採集という生活様式に浸りきり、それに適応した。その痕跡はいまも、しっかりと私たちのなかにある。私たちはだれもがみな、狩猟と採集がよくできた者たちの子孫なのだ（なぜなら狩猟と採集がよくできなかった者は生き残れず、子孫も残せなかっただろうから）。図21に示したのは、その子孫のひとり、5300年前の典型的なハンターの姿だ。

では、狩猟採集の生活で磨かれた能力は、どのようなものだろうか？　狩猟の場合、基本は運動能力だ。獲物を求めて長時間歩く能力。速く走り、岩や灌木や小川といった障害物を飛び越える能力。槍を投げ、矢を射って命中させる能力。そして自分がいまどこにいて、どこから来て、どこに向かおうとしているかを把握する能力。すなわち、正確な地理感覚、方向感覚と時間感覚。動物の足跡や糞を見つけ、その動物の状態を推測する能力。動物の行動や習性を読む能力。狩りに必要な道具（槍や弓や矢）を製作するための知能と器用さ。天候を読む能力。周到な準備と計画を立てる能力。狩りのグループのメンバー間

図21　復元されたアイスマン
アイスマン（ドイツ語でエッツィという愛称がある）は、1991年にアルプスの氷河から発見された5300年前の男性である。氷漬けだったため、体も（胃の内容物も）、身につけていたものも、ほぼそのまま残っていた。弓と矢や斧をもち、狩猟者として完全装備をしていた。着火の道具も携帯していた。
提供：South Tyrol Museum of Archaeology/A.Ochsenreiter

の連携や協調、すなわちチームワークの能力。そして獲物の捌き方と貯蔵法の知識などなど。採集に必要な能力も、挙げればこれと同じだけの長さになるだろう。列挙してみるとわかるように、ホモ・サピエンスの賢さ、それは長い狩猟採集の生活のなかで培われたのだ。

もちろん、現代にあって、私たちの多くは、狩猟や採集を営んでいるわけではない。それとは縁遠い日常を送っている。しかし、現代の私たちがどのような生活をしていようが、その身体や心には、途方もない長い時間にわたるヒトの営為の痕跡が刻まれている。そしてこれから見てゆくように、それは、私たちの身体能力や認知能力、遊びやスポーツ、興味や関心、楽しみや価値観の根幹をなしている。

人類の歴史のなかではごく最近になって、農耕や牧畜の開始と定住という革命的な出来事が起こった。これによって、ヒトの生活形態も大きく変化することになった。とはいえ、これはさかのぼっても1万年前である。現在も、農耕や牧畜によらずに、狩猟採集の生活を営み続けている人々もいる。現代の私たちは、基本的には長い数百万年の狩猟採集生活で身につけた能力をそのままもっていると見てよいだろう。（もちろん、この1万年間でヒトが自分たちの作り出した新たな環境や生活にどのように適応してきたのかも、興味をそそる問題だ。なぜなら、それは、私たちがいまどのように進化しつつあるかという問題だからだ。)

この第二部では、これらのなかから、私が「これぞヒト」と思う3つのものをとりあげてみる。とりあげるのは、動植物に対する強い関心、遊びとスポーツ、そして分業と性差である。この3つとも、私たちの祖先の長い狩猟採集生活が生んだ副産物として考えると、もっともよく理解できる。それらは、狩猟採集生活のエッセンスそのもの、あるいはその延長線上にある。

†動物を飼いならす

ヒトは、ほかの動物を飼う。動物の世界では、異種のアリを奴隷として使うアリがいたり、アリとアリマキのように共生関係にある動物がいたりするが、多種多様な動物を飼うのは、ヒトだけである。しかも、動物をわが子のように育て、可愛がることもある。これはヒトの特筆すべき特性だ。この特性は、ホモ・サピエンスにとって、とりわけこの1万年ほどの生活のなかできわめて重要な役割をはたすことになった。

ヒトは、荷物や人間を運ぶため、動力を得るため、肉を食べるため、ミルクを得るため、毛や皮をとるため、狩猟の助っ人として、放牧の監視役として、心の友として、そして観賞用にも、動物を多用する。イヌ、ネコ、ウマ、ロバ、ウシ、ラクダ、ヒツジ、ヤギ、アルパカ、リャマ、トナカイ、ブタ、ニワトリ、アヒル、ハト、シチメンチョウ、キンギョやニシキゴイ、ミツバチ……。これらは、野生の動物ではなく、人間用に仕立てた（ヒトに馴れるように交配させて作り上げた）動物、すなわち家畜である。

表3に示したのは、おもな家畜動物が家畜化された時期と場所である。この表からわかるように、ヒトがこれらの動物とともに暮らすようになったのは、そう古いことではない。おそらく狩猟のお供として飼われたイヌが一番古いが、そのほかの動物は、人類が狩猟採集から農耕牧畜の生活に移行した時期か、それ以降に家畜化されている。

農耕と牧畜は、おそらくワンセットになっていた。家畜は、毛や毛皮、肉や乳といった食料を供給してくれるだけでなく、農耕の労働力として使えただろうし、逆に、農耕は、家畜用に十分な飼料を供給しただろうからである。農耕牧畜の生活によって、人類は、本格的な定住生活（季節的移動はあるにしても）に入ることになった。

家畜化は、後述するように、動物を「飼育する」というヒトの能力があってのものだが、家畜化される動物のほうもそれに適した性質をもっていなければならなかった。すなわち、あらゆる動物が家畜化可能なわけではなく、ヒトの生活圏内にいてヒトをあまりこわがら

表3　おもな家畜動物の家畜化の時期

家畜名	祖先	原産地	時期
イヌ	オオカミ	西アジア	15000年前頃
ヤギ		西アジア	9000年前頃
ヒツジ		西アジア	9000年前頃
ウシ		西アジア	8000年前頃
ブタ	イノシシ	西アジア	8000年前頃
トナカイ		北ユーラシア	？
リャマ	グアナコ？	南アメリカ	7000年前頃
アルパカ		南アメリカ	7000年前頃？
ロバ		アラビア	6000年前頃
ウマ		中央アジア	6000年前頃
スイギュウ		南アジア	6000年前頃
ネコ		西アジア	5000年前頃？
ヒトコブラクダ		アラビア	5000年前頃
フタコブラクダ		中央アジア	5000年前頃
ニワトリ		南アジア	4000年前頃
モルモット		南アメリカ	3000年前頃？
ホロホロチョウ		北アフリカ	2300年前頃
ウサギ		イベリア	2000年前頃？
シチメンチョウ		北アメリカ	1500年前頃
キンギョ	フナ	中国	1050年前頃？

Jones, Martin & Pilbeam（1994）を一部改変。

ない動物が家畜化の対象となった。それらの動物はおとなしく、馴れやすく、ストレスにも強かったはずである。そして繁殖力も強くなくてはいけなかった。それらの条件を満たした動物だけが、家畜になりえた。

第一部で述べたヒトの最近の（ここ1万年間の）モビリティを助けたのは、もっぱらこれらの家畜であった（**コラム6**も参照）。移動、輸送、交易、通信のため、ウマやロバ、ラクダやトナカイ、リャマやアルパカは欠かせなかった。これらの家畜がいなければ、マケドニアやローマ帝国、イスラム帝国やモンゴル帝国、アンデスやインカの帝国もありえなかった。つまり、現在の形での世界史というものがありえなかっただろう。しかし、これらの移動や輸送や通信の手段のほとんどは、つい200年ほど前の産業革命以降、列車や自動車、バイクやスノーモービル、船舶や飛行機などにとってかわった。

コラム6　ウマ——馬具と世界史

私の子ども時代、田舎では自動車というものがまだ珍しく、ウマは鼻息荒くそこらでなにかを運んでいたものだ。ウマは日常生活のなかに溶け込んでいた。ところが、自動車が急速に普及し、田畑の仕事も機械がとって代わると、彼らの仕事はもちろんのこと、その居場所もなくなった。いまは、走ってヒトを楽しませるということぐらいしかできなくなってしまった。しかし、ヒトがウマを飼うことがなかったなら、人類の歴史そのものがまったく別の歩みをしていたかもしれない。

ウマが家畜化されるのは、人類の歴史のなかでそう古いことではなく、6000年前頃のようだ。しかし、いったんヒトに飼われ始めると、人類の歴史のなかできわめて重要な地位を占めるようになる。1例を挙げれば、1974年に発掘された秦の始皇帝陵の兵馬俑《へいばよう》がある（2200年前頃のものだ）。おびただしい数のウマの陶器の列を見ただけで、それ以上の説明は不要かもしれない。かつては荷物を運ぶのにいかにウマに頼っていたかは、いまも、仕事量を表わす単位である「馬力」ということばに残っている。

ウマが重宝されるようになるのには、なんといってもさまざまな馬具――馬銜《はみ》、鞍《くら》、鐙《あぶみ》、蹄鉄《ていてつ》など――の発明によっている。馬銜は、ウマが家畜化された頃に発明された。ウマには、前歯と奥歯の間に空隙があり、馬銜（皮製の紐や金属製の鎖）をその左右の空隙に通して頭の後ろで固定すると（これに手綱がつく）、こちらの思い通りに、ウマを方向づけることができるようになるのだ。

これに、鞍の発明が加わる。鞍を背におくことによって、ウマの背に座りやすいようになるのだ。しかもクッションとして衝撃を和らげてくれる。これによって長時間の乗馬も可能になった。

　鐙も画期的な発明である。なにも使わずに自分の背丈ほどもあるウマの背に上がるのは、まず不可能だ。それに鞍があったとしても、その背に乗っているのは、姿勢としてかなり不安定になる。ところが、鐙をウマの背や鞍から垂らして、乗り手が足をかけることができるようにすると、簡単に乗り降りができるようになる。しかも、騎乗中は鐙に足をかけていれば、足が固定し、ウマの上で踏ん張ることができる。この簡単な道具によって、ウマはすぐれた乗り物に変身した。

　ウマの上で槍を突いたり、弓を引いたりできるのは、この鐙があるおかげだ。いわゆる「騎馬戦」が可能になるのだ。鐙がなければ、世界史のなかで騎馬民族が盛衰を繰り返したり、モンゴル帝国のような、ユーラシア大陸のほとんど端から端におよぶ広大な国家が成立することもなかっただろう。西洋では、騎士が活躍することすらなかったはずだ。

　これはもちろん日本も同様だ。ウマに乗らない戦国武将はサマにならないどころか、そもそもウマなくしては、武士や武将というものが、そして戦国時代というものもありえなかっただろう。（それ以前の日本でも、ウマは重要な存在だった。ウマの埴輪は、弥生時代の大きな古墳を飾っていた。）

　これらに加え、蹄鉄という、いわばウマ用の靴も重要な発明である。家畜化されたウマは、野生種に比べ、蹄《ひづめ》が柔らかく弱くなった。蹄鉄は、その蹄を保護・補強するためのものだ。蹄鉄自体は4世紀頃に現われるが、似たような装具は、かなり古くからあったようである。

そして馬具ではないが、ウマが多用される上で重要なのが、車輪の発明である。荷台に車輪をつけた荷車を、ウマに引かせたのである。馬車は、人間や荷物をのせて運ぶ輸送手段としてきわめて大きな役目をはたした。

†ヒトのよき相棒――イヌ

家畜のうち、もっとも家畜化の古かったイヌを例にとって考えてみよう。

第一部で示した表1のヒトの特性のなかには、「飼いイヌ」が入っていた（これをふしぎに思った人もいるかもしれない）。実は、世界中で、イヌのいない文化や社会はまれなのだ。つまり、ヒトのいるところであれば、イヌはほぼどこでもいるということである。北極付近ではヒトのために橇を引いているし、かつて日本の観測隊が南極に樺太犬を連れて行ったこともある。そう言えば、地上の動物で宇宙に初めて行ったのは、ライカ犬だった。

ほかの家畜に比べ、イヌの場合には、ヒトとの関係がとりわけ緊密である。イヌは、おそらく1万5000年前頃からヒトのそばにいて、行動を共にしていた。なぜそう推測されるかと言えば、その頃の遺跡から、ヒトと一緒に埋葬されたイヌの遺骸が見つかるからだ。大切なもの、愛情を注いだものでなければ一緒に埋めたりなどしない。洞窟壁画にも、1万年前ぐらいからイヌが片隅に登場し始める。ユーラシア大陸からアメリカ大陸に流入していった人々も、おそらくお伴にイヌを従えていた。アメリカの在来種のイヌのDNAを調べた結果は、そうだということを示している。

イヌは、おそらく最初は番犬として、そして狩猟の助っ人として役立ったのだろう。獲物がいることをヒトに教える、獲物を追う、獲物に威嚇する、しとめた獲物の見張り番をするなど、彼らにできることはたくさんあった。そして遊牧や放牧などが行なわれるようになると、家畜化されたウシ、ウマ、ヒツジ、ヤギを見張り、追い込むという役目ももった。もちろん、非常時には食用に供されることはあったかもしれないが、忠実な伴侶として可愛がられていた（人間と一緒に埋葬されているというのはそういうことだ）。そしていまも、猟犬、牧畜犬や牧羊犬、警察犬、盲導犬や聴導犬、介護犬、災害救助犬、番犬として、そしてもちろんペットとしても多用されている。

イヌはなぜ人間の相棒になれたのだろうか？　それは第一には彼らの習性にある。イヌは群れで行動し、その群れのリーダーを信頼し、その要求に忠実に応えるという性質をもつ。ヒトとイヌが絆を結べるのは、こうした社会性があるからだ。イヌは、ヒトの社会や家族のなかに入ることによって、自分もその一員として、飼い主をリーダーとみなすのである。

もうひとつは、ヒトとの感情の交換が可能だということがある。ほかの動物に比べ、イヌは感情が豊かで、それは鳴き方やしぐさなどに現われる。これによって、私たちはイヌの心の状態を的確に把握できる。イヌの認知や行動を進化の点から研究しているエトヴェシュ大学（ハンガリー）のアダム・ミクロシによると、イヌには、オオカミと違って、さまざまな文脈に応じた吠え方があり、それらの多くをヒトに対して用い、ヒトの側もそれを聞いてイヌの心の状態がわかるという。彼は、これらの吠え方がヒトとの共生生活のなかで進化してきた特性なのだと考えている。

逆に、イヌのほうもヒトの感情を読む。最近の研究で、飼い主のあくびがイヌに伝染することも報告されている。あくびはヒトの間では伝染するが、ヒトと飼われている動物の間でそうした伝染が報告されているのは、いまのところチンパンジーとイヌだけである。

そしてイヌは、ヒトの指差し、つまりなにを指示されているかがわかる（第三部で述べるように、指差しがわかる動物はほとんどいない）。しかも、イヌは、長い鼻先を向けてヒトに方向を指示することもできる。ポインターという犬種は、まさにこの理由からそう命名されている。そしてヒトの目の向きにも敏感で、目の向きからヒトがなにに注意を向けているのかもわかる（第三部の「注意の共有」を参照）。イヌは、ことばによる簡単な命令を聞き分けることはよく知られているが、訓練しだいでは、かなりの数の単語を教え込むことも可能だ（コラム7も参照）。こうした習性や能力がフルに活かされて、イヌは、ヒトにとって、あふれんばかりの信頼を寄せてくれる忠実な下僕《しもべ》となった。

コラム7　イヌをことばで操縦する

イヌは、うまく訓練すれば、ことばで命令して従わせることができる。簡単なところでは、「お座り」や「お手」といったように。

この方法は、さらに洗練して、牧羊犬を操るのに使える。たとえば、A、B、C、3頭のイヌがいるとしよう。同じ単語で命令すると、3頭は同じように行動してしまうので、イヌごとに単語を違えて教える。たとえば、「左へ行け」は、Aはひだり、Bはレフト、Cはゴーシュとか、「止まれ」はAはとまれ、Bはストップ、Cはアレテというように。まずイヌの名を呼んで、これらの単語を言えば、ちょうどマリオネットの糸を操るように、イヌたちを自在に操ることができる。こうして、たとえばAをヒツジの群れに対して中央で待機させ、Bを左から、Cを右から追い込ませることができる。牧羊の巧妙なテクニックだ。

このように、イヌに多少のことば（単語）を教え込むことは可能だ。しかし、意外なことに、イヌがどれぐらいの数の単語を習得可能かは、まじめに調べられたことがなかった。イヌが驚くほどの単語の習得能力をもつことが示されたのは、２００４年になってのことである。

実験を行なったのは、マックス・プランク進化人類学研究所（ドイツ）のユリアネ・カミンスキーらのグループである。相手はリコという名の10歳になるオスのボーダーコリーである。リコは、幼い時から飼い主が言うものをもってくるよう訓練された。飼い主によれば、２５０語がわかるという。カミンスキーらは、これを厳密な実験条件下で調べてみることにした（おそらく彼らも、２５０語もわかるという飼い主のことばを最初は疑っていた）。部屋に10個の異なる品目を並べ、リコをその部屋に待機させておき、隣の部屋から（つまりリコには飼い主が見えない状態で）飼い主が単語を読み上げた。10種類の品目を20セット（２００語）用いてリコをテストしたところ、リコはほぼ正しい品目をもってくることができた（正解率92・5％）。これは驚異的な能力である。しかも、読み上げる単語のなかにひとつだけ未知の単語を入れておいた場合には、その単語の品目をもってくることもできた。つまり、聞いたことのない単語と知らない品目とを結びつけることができたのだ。

これまで、チンパンジーなどの大型類人猿や、オウムやイルカやアシカなどを用いて言語習得実験が行なわれてきたが、これほどの数の単語を習得できたのは、ジョージア州立大学言語研究センターにいるボノボ（ピグミー・チンパンジー）のカンジぐらいのものだ。「灯台もと暗し」という表現があるが、イヌはあまりに身近にいるため、言語習得実験の研究対象にすることをほとんどだれも考えてこなかった。しかし、本文に述べたように、イヌがヒトの相棒として生活をともにしてきたというのは、彼らがそれだけの高い能力をもっていることを示している。とはいえ、あなたの家のイヌがそれほどの単語がわかるかは保証のかぎりではない（厳密なテストをすると、1語もわかっていないかもしれない）。

私たちは、一方的に人間のことばをイヌに教え込むことだけをしているわけではない。経験的に、そして科学的にも、私たちは、イヌの表情やしぐさや鳴き方から、彼らの感情状態や要求を読みとることができる。2002年にタカラから発売された、イヌの鳴き声を日本語に翻訳するオモチャ、バウリンガルは30万台のヒット商品にもなった（その年のイグノーベル賞を受賞した）。イヌの気持ちは、ヒトにとっても一大関心事なのだ。

図22　野生種の動物の家畜化の実験
ベリャーエフと家畜化されたホッキョクギツネ。テイラー (2013) より。

✝野生動物を家畜化する――ベリャーエフの実験

では、どのようにしてオオカミからイヌができたのだろうか？　これについては、ロシアのドミトリ・ベリャーエフが行なった研究が示唆を与えてくれる。彼は、１９５７年から26年間にわたってロシアのノヴォシビルスクの研究所で、野生のホッキョクギツネを家畜化するという実験を行なった。人間を怖がらないおとなしい性質の個体どうしを掛け合わせ、そこで生まれた個体のなかから、さらにその性質が強い個体どうしを掛け合わせるということを繰り返していったのだ。そしてできあがったのは、振る舞いがイヌと見紛うばかりのホッキョクギツネだった（図22）。ベリャーエフは、野生のラット（ドブネズミ）、カワウソやミンクについても同じことを行なった。できあがったのは、人なつこいラット、人に寄ってくるカワウソ、愛想のよいミンクだった。

オオカミとイヌは、最近の分子遺伝学的研究から約13万5000年前に分岐したと推定されているが、おそらくその時代以降、イヌの祖先は、ヒトの野営地で食べ残したものにあずかれるなどのことがあって、ヒトの近くにいることが多くなり（ヒトの側でもそれを許容し）、ヒトを怖がらないイヌができあがったのだろう（結果的に、ヒトを怖がらない性質の個体だけが生き延びてきたのだ）。このようなプロセスを「自己家畜化」と呼ぶ。

このプロセスを経るうちに、イヌは、オオカミに比べ、耳の先が垂れ、毛の色が抜けたりまだらになったりし、尾が短くなって上に巻くといった形態の変化が起こった。それとともに、ヒトに自分から近づき、ヒトに尾を振り、ヒトに甘え、ヒトの顔まで舐め、前述のようにヒト用の吠え方をするなど、性質も大きく変化した。実際、ベリャーエフが家畜化した動物では、ストレスホルモンの濃度が大幅に減少する一方（人間に触られたり撫でられたりしても平気になる）、神経伝達物質のセロトニン濃度は大幅に上昇していた（濃度が高いと攻撃性が弱められる）。

図23　さまざまなイヌ
イヌというひとつの動物種であるのに、大きさ、体色、性質が多様だ。そのように仕上げたのは私たちヒトだ。バートンら（2009）より。

こうした自己家畜化が下地としてあって、1万5000年前頃以降、ヒトは、イヌをその体型や性質や能力の点からさらに人為的に交配し、つまり本来の意味での（人為的）家畜化をし、自分たちの望むようなタイプのイヌに仕上げていった。ただし、本格的な人為的交配によって商業的に犬種が多様化するのは、ここ数百年のことである（図23）。

†なぜ生き物に惹かれるのか――バイオフィリア

家畜や動物は、私たちにさまざまな生活必需品やサービスを提供してくれるだけではない。私たちの生活の重要な一部、私たちの思考の一部にもなっている。

たとえば、子どもの絵本や童話の主人公たちに目を向けてみよう。コーラス隊のカラス、料理をするのが大好きなネズミたち、手袋を買いに来たキツネ、寝転がって本ばかり読んでいるクマ、魔法の小石を拾ってしまったロバ……例はいくらでも挙げることができるだろう。私たちは、物語のなかなら、動物が人間のように振る舞っても、人間のように着飾ってもとくに変だとは思わないし、逆に、まわりの人間を特定の動物に見立てることもする。

子どもだけではない。おとなにとっても、渡り鳥がどんな生活を送るのか、ペンギンはどう子育てし越冬するか、カマキリの生活はどんなものか、深海で生き物はどうしているかは、大きな関心事だ（それぞれ、世界的にヒットした映画作品『WATARIDORI』、『皇帝ペンギン』、『ミクロコスモス』、『ディープ・ブルー』のテーマだった）。巷には、昆虫マニアやバードウォッチャー、ファーブルやシートンやムツゴロウ氏のような人もたくさんいる。そしてヒトは動物園や水族館にも出かける。日本からアフリカのサファリに野生動物を見に行く人も、南氷洋までホエールウォッチングに出かける人もいる。前述の旅番組やグルメ番組と並んで、動物の登場するネイチャー番組は定番のテレビ番組だ。

同じような好奇心は、植物にも向けられる。さまざまな色や形や香りの花に、ヒトは惹きつけられる。花壇や花畑は心なごむ憩いの場だ。珍しい植物を探して蒐集して回るプラントハンターほど極端でなくとも、ガーデニングのように、植物を育て観賞することが日常になっている人も多い。そして盆栽に精魂込める人も、食虫植物のとりこになる人もいる。日本のように、花見の風習をもつ文化もある。

社会生物学者のエドワード・ウィルソンは、ヒトを「バイオフィリア（生き物好き）」と呼んだ。ヒトには、生き物の行動や性質に対する飽くなき好奇心がある。もちろん昆虫や特定の動物が嫌いな人がいないわけではないが、全般的に見れば、ヒトは根っからの生き物好きだ。なぜこれほど生き物に好奇の目を向けるのだろう？

それは、ひとことで言えば、過去数百万年にわたって、獲物の動物を、そして採集植物を見続けてきたからだ。それによって、動物の動き、行動や習性を読むことが、そして植物の性質、自生地や育ち方を知ることが十分にできるようになった。つまり、動植物に対する的確な観察眼と強い好奇心をもつことが、そして場合によっては愛情を注ぐことさえもできるようになった。

第三部で詳述するように、私たちヒトは「心の理論」の能力によって、相手がいまどんな気持ちでいるか、相手にはどう見え、どう感じられているかを推測できるようになったが、その能力は、動物や植物にも適用される。あのカラスはいまよからぬことをたくらんでいるとか、うちのアサガオはいま水がほしいんだとか、このクリの木は痛がっているとかいったように。動物や植物に心を仮定し（ほんとうに心をもっているかどうかはともかく）感情移入することは、それらをうまく扱い育てる秘訣でもある。

†狩猟採集から農耕牧畜へ

1万年と少し前、狩猟採集中心の生活様式を根底から変える出来事が起こった。農耕や牧畜の発明である。自然にあるものを採ったり狩ったりするのでなく、自らの手でそれらを育てるようになったのだ。これは画期的なことだった。この発明によって、ヒトは、遊動する狩猟採集の生活形態をやめて、ひとところに定住することが可能になった。これこそが、文明誕生への最初の一歩だった。

1万年前というのは、ちょうど氷河期が終わった頃に相当する。すなわち、農耕と牧畜は、寒冷だった気候が温暖な気候へと推移して安定化したことで可能になった営みであった（その途中では大きな気候変動が繰り返されたことがわかっている）。右に述べた狩猟採集で培ってきた動物や植物についての知識やスキルは、この時点で、農耕と牧畜に活かされることになった。

作物の栽培化は、たとえばコムギが1万5000年前頃、トウモロコシやイネ（コメ）

が7000年前頃と推定されている。これも、家畜の「自己家畜化」の時期のように、半栽培化（選抜された種子から育てて収穫する）の時期があったはずで、その後本格的な人為的交配が行なわれて、自然界にはない作物へと変身していった。

牧畜や農耕で必要になるのは、計画性である。家畜も栽培作物も、生育・成長には数カ月や数年といった時間がかかる。作物を例にとれば、野生種の植物を自分たちの手で植えて育て、時期を待ってその実や種や根茎を収穫するのには、予測や洞察、周到な計画性といった能力があってはじめて可能になったことだった。第一部で述べたように、計画性や未来の予測は、大脳の前頭前皮質が担当している。ここはヒトでとりわけ大きくかつ複雑になった部分だった。

いま私たちが口にしている作物は、長い品種改良の歴史によって生み出された作品である。より栄養価の高い作物、より甘い作物、より大きな作物、より育てやすい作物、病気により強い作物を作り出すためには、さまざまな交配や異なる品種間の交雑を根気よく続けることが必要だった。そしてそれらの栽培・生育には、まわりの環境、植生、土壌を考えに入れ、天候、気温、風、湿度、日照、降水量にも注意しなければならなかった。水の管理や灌漑の施設も必要になった。とりわけ、季節の変化の知識や時間の管理は重要だった。農耕が大規模化してゆくにつれて、土木技術、天文や気象の情報を得る手段、そしてそれらの情報の記録方法が発明されていった。そうしたインフラの総体が、文明を生み出すことになった。

ここで次のことを強調しておこう。それは、右で述べたことからわかるように、いま私たちが「自然」と思っている動植物の大部分は、自然本来のものではないということである。私たちのまわりにあるのは、野鳥などの野生動物を除けば、栽培化された植物や家畜化された動物がほとんどである。それらは、「自然の」動植物と姿形や性質が似てはいるが、ヒトのために造られたという点で、「自然の」ものとは本質的に違っている。つまり、狩猟採集から農耕牧畜への移行は、動植物を生活の糧にするという点では同じであるように見えながら、実は、「自然」から「人為」への決定的な移行だったのだ。

このように、ヒトは、自分たちの力で新たな種類の生物を生み出しているという点でも、この地上の生き物のなかでは特異な存在である。いま、バイオフィリアというヒトの性質は、生命科学の知識とその技術を用いて、新たな局面も開きつつある。最先端の技術は、遺伝子をさまざまに改変することで、ヒトに役立つ新たな生物をも生み出し始めている。

†ホモ・ルーデンス――遊びの役目

さて次にとりあげるヒトの特性は遊びである。ヒトはよく遊ぶ。とくに子ども時代は、遊びが生活の中心だ。

遊びはなぜ、なんのためにあるのか。昔から、哲学者や思想家はこの疑問について考えてきた。なかでも有名なのは、オランダの文化史家ヨハン・ホイジンガである。その著書『ホモ・ルーデンス』では、古今東西のさまざまな遊びの由来や意味が考察され、遊びそのものは「無為」、すなわち直接は役に立たないものだが、ヒトはそれに意味や価値を見出すということが強調されている。彼は、広義の遊びにスポーツも含めている（遊ぶこともスポーツをすることも同じplayだ。ついでに言えば、演劇も演奏もplayだし、役割を演じる場合もplayという動詞が使われる）。そしてスポーツも無為だという。無為なものに興ずる存在、それがヒトであり、動物と違うのはその点だという。

しかし、遊びやスポーツを、動物行動学や発達心理学の観点から見ると、ひとつの大きな（ある意味で当然の）役割が浮かび上がる。それは、運動スキルや社会的スキルの習得、すなわち一種のトレーニングという役目である。すなわち、遊びもスポーツも「無為」ではない。
狩りをする動物や社会を構成する動物、なかでも一人前になるのに時間がかかるような動物は、よく遊ぶ（身近なところで子イヌや子ネコを思い浮かべてもらうとよい）。そしてそうした遊びのほとんどは、子ども時代に特有だ。つまり、子ども時代に、狩りのしかたや狩りの対象を覚え、仲間とうまくやってゆくための、あるいは敵に対処するためのスキルを習得する。遊びは、動物ではそういう役目を担っている。ヒトでの遊びが動物とは違った役割をもっている（あるいはなんの役割ももっていない）と考えるほうが、むしろ不自然だ。

遊びは楽しい。なぜ楽しいのだろう？　生物学的に見れば、それには理由《わけ》がある。必須の能力やスキルの習得が嫌々ながらの苦役だとしたら、習得はおぼつかない。「楽しく」感じられれば、強制されなくとも熱心に取り組むだろうし、何度やっても飽きないだろう。逆に言えば、同じ遊びを繰り返しやっても飽きないということは、それが楽しいものだということを物語っている。実際、動物でも、遊んでいる時には、プレイフェイスと呼ばれる遊び特有の顔になる。それは、私たちから見ても楽しそうな顔に見える。

遊びでは、それに参加する者は、それが遊びだということを了解している。たとえば、動物でも、とっくみあいや闘いなどをして遊ぶ場合、「これは遊びだからね」を示す動作で、遊びが開始されることが多い。遊びでは、本気を出さず、手加減をするということが重要になる。実際の現実場面では、危険がいっぱいあって、対処を間違えば、大怪我をするどころか、死が待っていることだってある。遊びは、その点で、気楽で気軽な、そして楽しいトレーニングやシミュレーションだとも言える。

†子どもの遊びの特徴

ヒトの遊びには、文化や伝統の側面がある。時代や地域によっても変わる。しかし一方で、「あやとり」や「鬼ごっこ」や「隠れんぼ」のように、同じような遊びがどの地域にもほぼ普遍的に見られることもある（これらも、第一部の冒頭で紹介したヒューマン・ユニヴァーサルズの例である）。この場合、それが地域を違えて互いに独立に発生したのか、ひとつの遊びが伝播して広まったものなのかを確かめるのは難しい。ただ、言えるのは、その遊びがヒトにとって魅力的で楽しく感じられる要素をもっていて、だからこそ広まり、受け継がれてきたということである。

では、子どもの遊びには、どのような特徴があるだろうか？　ここでは、16世紀のフラ

図24　ピーテル・ブリューゲル《子どもの遊び》(1560年)
91種類の戸外の遊びが描かれている。250人の子どもがいる。

ンドルに飛んでみよう。ピーテル・ブリューゲルが《子どもの遊び》という絵を残してくれている(図24)。250人ほどの子どもたちが91種類の戸外の遊びをしている。(絵の原寸は118×161センチと大きいが、新書で再現すると、細かすぎてよくわからないかもしれない。加えて、ブリューゲルは、目を凝らして見てもらいたいので、わざとごちゃごちゃ描いている)。時代や文化によって遊びに多少の違いはあるにしても、普遍的な側面も多いので、これを用いながら、子どもの遊びの大きな特徴を以下に4点ほどあげてみよう。

ひとつめは、身体を動かす遊び、す

なわち運動神経、運動感覚、平衡感覚に関係する遊びが多いことだ。ブリューゲルの絵では、子どもたちは、棒を使った輪回し、樽揺らし（シーソー）、ウサギ飛び、竹馬、でんぐり返し、投げゴマ、鞭ゴマ、ボール遊び、お手玉、ブランコ、槍合戦、短棒投げ、塔崩し、目隠し鬼ごっこ、木登り、壁登りをしている。スポーツの色彩の強い遊びであり、競争心をかき立てる遊びが多い。これらは、運動スキルを涵養する遊びと言えるかもしれない。

２つめの特徴は、ごっこ遊びが多いことである。絵のなかには、ミサごっこ、洗礼ごっこ、宗教行列ごっこ、子守りごっこ、お店屋さんごっこ、花嫁行列ごっこ、王様の退位ごっこ、訪問ごっこ、煉瓦屋ごっこなどが描かれている。第三部では、ヒトの重要な特性として「模倣」について述べるが、これらの遊びは、模倣の能力があってこそできる遊びだ。

ごっこ遊びでは、おとなたちのとる行動や仕事や儀式を仔細に観察して、自分なりに多少の変奏も加えて、それを再現する。身振りやしぐさ、ことば使いや態度をまねるだけでなく、ロールプレイとして、ある役割を演じ、その役割（他者）になり切る（これは第三部で述べる「心の理論」も関係する）。その場合には、同性のおとなのまねをすることが多いので、性役割の獲得やその自覚という側面もある。また、おとなになったらしたい仕事やなりたい職業に向けて動機づけを高めるという意味もありそうだ。

これらの遊びに付随するのが小道具である。小道具をなにかに「見立て」て遊ぶのである。たとえば、ブリューゲルの絵のなかで男の子がしている棒馬遊びでは、棒がウマになっている。こうした見立てこそ、ヒトの想像力のなせるわざだ。（ほかの動物は見立てができない。彼らにとって、棒は棒でしかない。）おもちゃはこうした遊び用に製作されたものを言うが、そのなかでも、見立ての最たるものは将棋やチェスだろう。木片が、王になったり、飛車になったり、桂馬になったり、歩になったりする。

3つめは、狩猟採集に多少なりとも関係する遊びがあることである。ブリューゲルの絵のなかで該当するのは、短棒投げ、ボール遊び、水鉄砲、壁への玉投げ、穴へのボールの投げ入れ、槍合戦、木登り、虫採りなどである。この絵のなかには描かれていないが、ほぼどの文化にも見られる「隠れんぼ」も、これに該当する。この遊びのなかの2つの要素、隠れることと見つけることとは、狩りを構成する重要なスキルである（コラム8参照）。

4つめの特徴は、遊びには性差があることだ。男の子が全般的に活動的な遊びを好むのに対し、女の子は手先の器用さを必要とする遊びを好む傾向がある。先ほどあげた「あやとり」は、どの社会でも、男の子よりは女の子のする遊びだ。ブリューゲルの絵のなかでは、女の子はお手玉、人形遊び、お店屋さんごっこに興じ、男の子は水鉄砲、棒馬遊び、ナイフ立て、煉瓦積み、槍合戦、取っ組み合い、壁への玉投げ、虫採り、竹馬、鞭ゴム、投げゴマに興じている。後述するように、遊びのこうした性差は、興味の性差の反映でもあると同時に、能力の性差や性役割を生じさせたり、それらをさらに強めるといった役割をはたす。

コラム8 「ダルマさんが転んだ」と「隠れんぼ」

子どもの頃によくした遊び、「ダルマさんが転んだ」や「隠れんぼ」は、日本だけのものではない。ほかの多くの文化にも、似たような遊びがある。この2つには、どんな意味があるのだろうか？　試みに、狩猟の点から説明してみよう。

「ダルマさんが転んだ」では、鬼がこちらを見ていない隙に、束の間動いて、ぴたりと静止する。それは、狩猟という状況のなかで、獲物に気づかれないように少しずつ接近してゆく訓練であるようにも見える。

一方、「隠れんぼ」では、身をうまく隠して、鬼に見つからないようにする。息を殺して木の陰や茂みや草むらでなにかを待つ、あるいは相手が行き過ぎるのを待つ。これらは、狩りにつきものの行動である。この遊びを経験したことのある人ならおわかりだろうが、鬼が近づいてきて見つかりそうになる時のドキドキ感（スリル）にはなにか特別なものがある。鍵穴から、あるいは隣の部屋のマジックミラー越しに「覗き見《ピーピング》」するのが、それが性的な対象でなくとも、興奮を生じさせることがあるのは、隠れて相手の動物（場合によっては人間）をこっそり見ていた狩猟時代の名残なのかもしれない。

　ここでは、「ダルマさんが転んだ」や「隠れんぼ」といった遊びが太古の昔からあったと言いたいわけではない。言いたいのは、これらの遊びには狩りに必要なスキルのトレーニングという側面があるということである。かりに、「隠れんぼ」のようなトレーニングをせずに実際の狩りで相手に見つかってしまったら、逃げられて終わりだし、最悪の場合には、逆に襲いかかられて一巻の終わりという可能性もある。

　ともあれ、ほんとうの狩猟をする年齢になると、「ダルマさんが転んだ」や「隠れんぼ」といった遊びは卒業する。もはや、それらに似たことが現実のものとなる。

図25　球戯（球技）の１例、ペタンク

球を転がしてほかの球にぶつけることに、大のおとなも熱中する。1920年代のフランスの絵葉書。Moreau（2010）より。

†命中させること

私は（あなたもかもしれない）、小石が目のまえにあって、まわりに人がいなくて、向こうに標的ふうのものがあれば、小石をそこに投げて当ててみたくなる。紙屑を丸めて、ゴミ箱めがけてシュートすることもよくやる。これは、私の（「私たちヒトの」かもしれない）いわば「習性」だ。

卑近な例では、男性用トイレの小便器の汚れを少なくするという目的で、ダーツの標的を模したシールを貼ってみたところ、汚れが激減したという例がある（２００４年に関西国際空港が最初に試して知られるようになったが、似たようなアイデアの便器は

1980年代からあったようだ）。これは、標的があると、そこに狙いを定めてしまうという私たちの習性をうまく利用している。

スポーツでは、「狙う」という競技種目は、アーチェリーやクレー射撃といった種目だけではない。蹴球《サッカー》、籠球《バスケ》、卓球《ピンポン》、排球《バレー》、野球《ベースボール》、庭球《テニス》、水球《ウォーターポロ》、羽球《バドミントン》、送球《ハンドボール》、杖球《ホッケー》、撞球《ビリヤード》、闘球《ラグビー》、鎧球《アメフト》、氷球《アイスホッケー》、打球《ゴルフ》、避球《ドッジボール》、門球《ゲートボール》など、ボールを用いる競技も、ゴールに入れたり、動く標的に当てたり、自分のバットに命中させたりすることからなる。ビー玉は子ども向けの遊びだが、大のおとなも、まったく同じように、鋼鉄製の玉を転がしてほかの玉に命中させることに夢中になる（図25）。

しかも、うまく当たった時は嬉しいし、快感を呼ぶ。的のど真ん中にダーツが刺さった時、ボーリングで10本のピン全部を倒した時、自分のボールがほかのボールに当たってはじき飛ばした時、私たちは心のなかで快哉《やったー！》を叫ぶ（コラム9も参照）。

コラム9　予測の的中と快感

予測の的中も快感をもたらす。経験をもとに推測を重ねて、起こるだろうことを予測することは、獲物がいつどこを通りそうか、採集したいものがどこにありそうかを予測することに通底している。すなわち、狩猟や採集においては、過去や現在から未来を読む力が必要であり、的確な読み方をした時（すなわち「的中」した時）には、それが快感という報酬によって強められる。

スポーツでも、対戦相手の次の一手や試合の展開を読むことが、勝負の鍵を握る。似たようなことは、ルーレット、トランプや花札、競馬や競輪、パチンコなどのギャンブルにも言える。自分の予測があたるかはずれるかで、一攫千金になったり、文無しになったりする。

この賭けという行為は、当たりがくると、病みつきになることが多い。これについては、心理学では報酬と強化の点から（毎回報酬を得るよりも、たまに大量の報酬を得たほうが、その行為は強化されやすいといった行動理論から）説明されることが多い。しかし、そのもとにあるのは、予想や予測が的中することが快感をともない、それがその行為を何度でもしたくさせるという、ヒトに備わった性質なのである。

†スポーツの本質——競い合い

そして、ヒトは競い合う。これも、ヒトの重要な特徴だ。勝つか負けるか。1位になるか2位に甘んじるか。競技スポーツに限らず、競争はヒトのあらゆる場面に顔を出す。アイルランドのビール会社が片手間に始めた『ギネスブック』は世界記録の代名詞になってしまったが、どんな分野や領域でも新記録を打ち立てるための競い合い（場合によっては熾烈な争い）が繰り広げられる。「記録は塗り替えられるためにある」ということば通り、世界記録の更新の歴史を見ると、ヒトが全体として「進歩」し続けているような錯覚さえ覚える。心理学的に言えば、その陰には、ヒトの「競争心」のようなものを仮定できる。

スポーツとは、ひとことで言うなら、身体を使う遊びに、このような競技の要素が色濃く加わったものだ。身体を動かすだけで競い合わなければ、スポーツとは言えないし、言わない（英語の sport の意味はそうだ）。単なる筋トレはスポーツとは言わず、逆に、チェスや将棋、囲碁がスポーツに分類されることがあるのは、後者が競技だからだ。そこでは、駒が動いて、盤上で熱い闘いが繰り広げられる。

ここで、スポーツで要求される身体の動きについて考えてみよう。走る、跳ぶ、泳ぐ、投げる、射る、蹴る、的に命中させる、追ったり逃げたりする、などなど。それらの動作は、狩猟で必要とされる動きだ。槍をできるだけ遠くまで投げ、獲物に命中させることは、自分たちが生きる上で必要不可欠の、そして価値ある能力だったに違いない。速く走り、岩や小川を飛び越える能力も、獲物を追うためには不可欠だったろう（コラム10も参照）。

一方、グループで行なうスポーツ、たとえば、サッカー、ラグビー、バスケットボール、ホッケー、バレーボール、野球などでは、メンバー間の動きの連携も重要になる。なにかを投げ、打ち、蹴り、それを争奪する。競技の形態は違いこそすれ、そこで試されているのはチームプレイだ。狩りはグループで連携を組んで行なうことが多いから、それらはまさしく狩りのシミュレーションでもある。

スポーツと狩猟の関係は、英語の game ということばにも表われている。game は、もとは「狩猟での獲物」を意味していた。その後それは、「試合」、「競技」や「勝負」、そして「遊び」の意味ももつようになった。このように、狩猟と遊びとスポーツという三者は、歴史的に緊密につながっている。

そして、とりわけ子どもはスポーツをすることに熱中する。なぜスポーツは子どもの生活の重要な部分を占めるのだろうか？　それは、まえに述べたように、遊びと同様、それがおとなになるためのトレーニングだからだ。子どもは、スポーツを通して仲間と競い合うなかで、狩猟の能力やスキルとチームワークを、駆け引きや予測のスキルを、そして次に述べるようにルールを守るということも身につけてゆく。

もちろん、前にも述べたように、現在、私たちのほとんどは、狩猟生活をしているわけではない。しかし、私たちの身体には長い狩猟時代に身についた性質が宿っている。狩猟の時のように身体を動かすのが快く感じられ、そのような動きをしたいという強い欲求がある。スポーツは、それを実現する制度化されたひとつの方法なのである。古代オリンピックがアテネの都市生活者から始まったように、スポーツは、狩猟採集生活をしなくなった人々が、余暇の時間を使ってそれと似たことをするためのひとつの仕組みなのだろう。

そして、スポーツは自分がすることにとどまらない。人がしているのを見ることもよくする。これは、実際に目のまえで繰り広げられる競技や試合ばかりではない。雑音だらけのラジオの実況中継にさえも、自分もそのグラウンドやピッチやリングに立っているかのように感じることができる。応援団や熱狂的なサポーターなら、試合の場面場面で一喜一憂し、チームや選手に感情移入し、負けて涙し、勝っては天にも昇った心地になる。

第三部で述べるように、相手の身に自分をおけるというのは、ほかの動物には見られない、ヒトの特筆すべき特徴である。スポーツ観戦はその典型的な例だ。（まえのところでは、テレビの定番の番組として旅番組、グルメ番組、ネイチャー番組を挙げたが、ここでそれらにスポーツ番組が加わる！）

なぜ、オリンピックやワールドカップでは、世界中から個々のスポーツの勇者たちが集って闘いを繰り広げるのだろう？　そしてなぜスポーツの勝者は讃えられるのだろうか？ほとんどの人は、こんなことなど考えてみたこともないかもしれない。というのは、ヒトにとっては、そうするのが自明であって、なぜという疑問を思い浮かべる隙《すき》などないからだ。

かつて、狩猟で大きな獲物をしとめた者は大いに讃えられ、それによって本人もまわりの人間も、狩りで能力を発揮することに動機づけられた（いまも狩猟採集社会で暮らす人々はそうだ）。ほとんど意識していないが、私たちは、狩りで用いる身体能力やスキルに価値をおき、それらに秀でた者に感嘆するような性質を受け継いでいる。私たちが現在行なっているスポーツは、そしてそれに付与される価値は、私たちの祖先の長きにわたった狩猟生活の名残であり、現代の生活のなかにあっても依然として重要な位置を占めている。

コラム10　走る——スピード狂

第一部でも述べたように、走ることはきついけれど、快感も与えてくれる。身体が風を切り、まわりの光景が速く流れてゆくのを見るのは、言い知れぬ喜びだ。速く走ることはスポーツにおける最重要の要件だが、これは狩猟についても言える。速く走ることができれば、獲物にすぐ追いつくこともできただろうし、先回りもすぐできただろう。ほかの猛獣から襲われそうになった時にも、その能力は大いに役立ったはずだ。

このスピード感と快感の関係は現在も続いている。しかし、現代にあっては、自分の足は、自転車、バイク、自動車、船や飛行機が代わってくれる。車を飛ばすと、そのスピード感は、興奮を呼び起こし、気分は高揚する。私たちはスピードに酔いしれる。しかし、それには危険がともなう。猛スピードで車を走らせ、誤ってなにかに激突してしまったなら、足で走って転倒するのとは比較にならないほどのダメージがくる。場合によっては、命を落としてしまうかもしれない。

そうした危険を冒してまで、速く走りたがるのはなぜなのか。なぜヒトはスピード狂なのか。その答えは、速く走るということがかつては大きな価値や快感をともなうものであり、それが現在にも引き継がれているからなのだろう。

†スポーツとルール

スポーツには、厳格なルールがある。とくにグループで対戦する競技スポーツはそうだ。このルールについて考えてみよう。

個々のスポーツは、おそらく仲間内で競い合う身体を使う遊びが自然発生的に生まれて、それが発展したものである。その過程で、ゲームが繰り返されてゆくうちに、やってよいこととやってはいけないことについて、暗黙のルールが自然とできあがってゆく。その遊びがたくさんの人々の間に広がってゆくと、地域や集団によってルールも少しずつ違ってゆき、地域や集団を越えて対戦する場合には食い違いが生じ、統一化や共通化が必要になる。その結果、それは、明文化されたルール、すなわち成文化の段階へと進み、ひとつのスポーツとして確立されることになる。

サッカーを例にとって考えてみよう。ボールやそれに類するものを蹴る遊びやスポーツは、古くから世界各地にあったが、いま私たちがサッカーとして知るスポーツは、もとは、19世紀前半にイギリスのパブリックスクールで、生徒が2組に分かれて、ウシの膀胱で作ったボールを蹴って、相手方のゴールに入れるという遊びだった。これはその後、手も使っていいもの（ラグビー）と、使ってはいけないもの（サッカー）とに分岐する。後者のルールが最初に成文化されるのは、１８６３年のことだ。表４がそれだ。

この時点では、まだ荒削りのルールだ。選手の人数についての取り決めはなく、何人でもよかったようだし、ゴールキーパーもまだいなかった。表４を一覧するとわかるように、これらは法律の条文のようにも見える。その後、サッカーが発展してゆくにつれて、規則はもっと細かくなってゆく。現在、日本サッカー協会の『サッカー競技規則』（２０１１－１２年度版）は56ページある（内容的には、分量にして表４に示したものの５倍程度のルールだ）。選手は、これだけのルールを守ってプレイしなければならない。それは、子どもがプレイする場合も同じだ。

ルールに違反した場合には、ペナルティが科される。通常はなんらかのハンディを負うことになるが、重い場合には、選手が退場させられたり、そのまま負けのこともある。したがって、スポーツは、子どもにとって、社会のなかの決まりごと、ルールや規律の存在を自分の実際の行為を通して知るよい機会になる。もちろん、おとなにとっても、スポーツの試合は、ルールに則って行動しなければならないという点で（反則者は罰せられるという点で）、そして審判という裁定者がいるという点でも、その時限りの小さな法社会を

表４　1863年にイギリスで最初に成文化されたサッカーのルール

1　グラウンドの長さは最長200ヤード、幅は最長100ヤードとする。グラウンドの四隅には旗を立てて表示する。ゴールは、８ヤードの間隔に立てた２本のポストで、ポストを横切るテープもバーも使用しない。

2　コイントスの勝者がゴールを選択する。ゲームは、トスに負けた側がグラウンドの中央からプレイスキックを行なって開始する。相手側は、ボールがキックオフされるまで、ボールから10ヤード以内に近づいてはならない。

3　得点の後は、ゴールを交替し、失点した側がキックオフを行なう。

4　得点は、ボールが両ゴールポストの間またはその延長上の空間（高さは関係ない）を通過した時に得られる。ただし、投げたり、手や腕に当てたり、手で持ち込んだりした場合には、得点にはならない。

5　ボールがタッチに出た場合には、ボールに最初に触れた選手が、ボールがグラウンドを超えた境界線上から、境界線と直角にグラウンドに向かってボールを投げ入れる。投げ入れたボールが、グラウンドに触れるまではインプレイにならない。

6　ある選手がボールを蹴った時、ボールよりも相手のゴールラインに近い位置にいる味方の選手は、プレイに参加してはいけない。また相手側の選手がそのボールでプレイするまでは、ボールに触れたり、相手側がボールでプレイするのを妨げてはならない。ただし、ボールが味方のゴールライン後方から蹴られる場合は、前項のルールに関係なく、どの選手でもプレイしてよい。

7　ボールがゴールラインの後方に出て、そのゴールを守る側の選手が出たボールを最初に押さえた場合には、ボールを押さえた地点に対向したゴールライン上からフリーキックをする権利が与えられる。もし攻撃側の選手が、外に出たボールを最初に押さえた場合には、押さえた地点に対向したゴールラインから15ヤード内側の地点にボールをおいて、ゴールに向かってフリーキックをする権利が与えられる。この場合、守る側はキックが行なわれるまで、ゴール後方に立っていなければならない。

8　ある選手がフェアキャッチをした場合、ただちにかかとで地面にマークすれば、フリーキックはマークから後方のどこからでもボールを蹴ることができるが、相手側はキックが終わるまでマークを越えて前進してはならない。

9　どの選手も、ボールを手に持って運んではならない。

10　トリッピングもハッキングもしてはならない。また、どの選手も手を使用して相手をホールドしたり押したりしてはならない。

11　ボールを投げたり、手でパスをしてはならない。

12　試合の進行中に、グラウンドから手でボールを拾い上げてはならない。

13　もしも、フェアキャッチ、または蹴った後１回しかバウンドしていないボールをとらえた時は、ボールを投げてもよいし、味方にパスしてもよい。

14　突出した針や釘、鉄板、あるいはグッタペルカ（絶縁体に用いる硬質ゴムの一種）などを靴の裏やかかとに装着してはならない。

（この時点ではまだ、選手の人数、ゴールキーパー、ゴールポストの高さ、スローイン、コーナーキック、ゴールキック、ペナルティキックは決められていない。オフサイドのルールも、現在のものとはかなり違っている。）中村（1995）より。

なしている。

　書いてあるルールだと、どうしても複雑に感じられてしまうが、プレイしている本人たちはそれほど複雑だとは感じないはずだ。しかも習得するルールの量も大きなものになりうる。たとえば10種類の競技スポーツができる子なら、それだけの種類のルール（ルールブック10冊分）を知っていることになる。

　通常、ルールは、実際にそのスポーツをしてゆくなかで容易に習得されてゆく。つまり、ルールブックを読まなくても、ルールの習得は可能だ。これは、言語が子ども時代にコミュニケーションをするなかで自然に習得され、明示的な文法（文法書）を知らなくてもできるようになるのと似たところがある。私たちは、ヒトの社会のなかで、すなわちルールや約束事のなかで生きているが、競技スポーツはそのミニ版をなしている。

†ものを投げる――運動能力の性差

　スポーツにおいて、ものを投げるという動作は特別な地位を占める。第一部で述べたように、この動作はヒトに特有である。円盤投げ、砲丸投げ、槍投げ、ハンマー投げなどの投擲競技は、フィールド競技の中心をなしている。そして野球、クリケット、ハンドボールやバスケットボールのように、投げるという動作が中心的要素をなす団体競技も数多くある。

この投擲には性差がある。槍投げを例にとると、現時点での飛距離の世界記録は、男子が98・5メートル、女子が72・3メートルで、男子は女子のなんと1・36倍だ。槍の重さと長さは男女で異なるが(男子800グラム、2・6〜2・7メートルに対して、女子600グラム、2・2〜2・3メートル)、槍の規格自体は男女それぞれに合わせて決めてあるので、むしろ飛距離の公平な比較を可能にしていると考えることもできる(コラム11も参照)。

ほかの種類のスポーツではどうだろうか? たとえば、100メートル走の現時点での世界記録は、男子9秒58、女子10秒49で、比が1・09になる。マラソンの場合は、男子2時間3分38秒、女子2時間15分25秒で、比が1・10だ。これらの値は、平均的な身長や体重の男女間の比が1・08〜1・10なので、そうした違いが反映されていると考えることができる。これに対し、いま見た槍投げの飛距離の男女比1・36は、それらよりもはるかに大きいことがわかる。

投球フォームを比べてみよう。図26に示したのは6歳児の例だ(この例でも、男女の飛

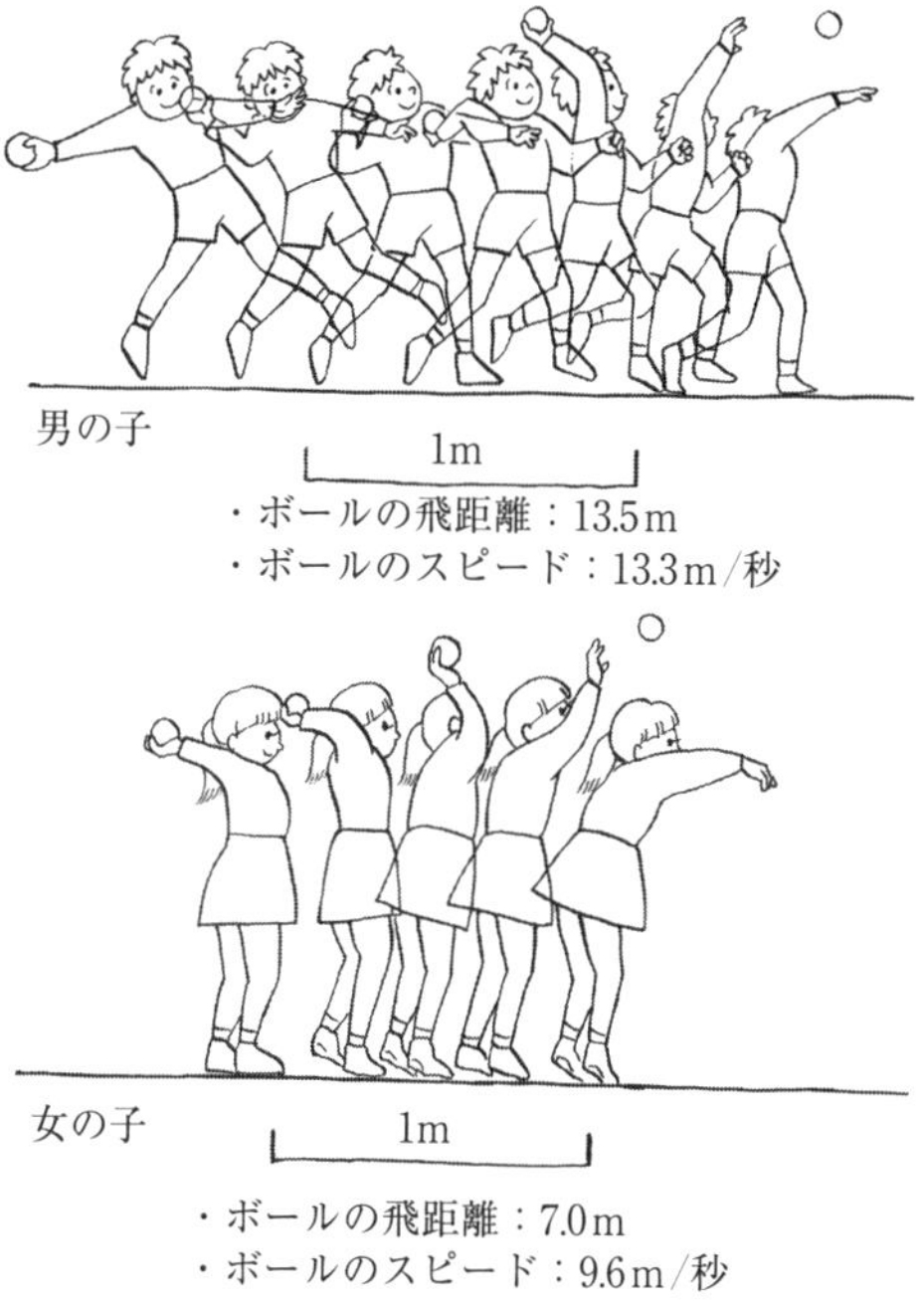

図26　6歳児のボール投げの性差
フォームにも注目。武藤（1993）より作成。もとの研究は角田ら（1976）による。

距離の比は1・93倍だ)。見てわかるように、男の子は、腕をうしろまで引き、助走をつけて、上半身をばねのように使って、肩をまわして(オーヴァースローで)投げる。腕を後ろに引き、足を踏み込んで、ふりかぶって、腕を内転させて投げるというフォームは、槍投げの最適なフォームに近い。野球がおもに男性のするスポーツになっていて、女性もするソフトボールでは、ピッチャーがアンダースローで投げるというのは、こうした性差に由来するのかもしれない。

この性差は、どのように説明できるだろうか? 次のところで見るように、おそらく、私たちの祖先の狩猟採集の時代にあっては、おもに男性が狩猟の役割を担い、採集はおもに女性の役割だった。こうした役割分担の生活が長く(少なく見積もったとしても数十万年間)続くことによって、男性の投擲能力はよりすぐれたものになっていった、すなわち、両者の差が開いてきたのだろう。

コラム11 ソフトボール投げの性差

世界記録は、究極のアスリートのものなので、平均的な例で示してみよう。平成21年度に文部科学省が行なった日本全国の小学5年生と中学2年生対象の「全国体力・運動能力、運動習慣等調査」のデータを用いてみよう。この調査そのものは、性差に焦点をあてているわけではないが、男女別のデータから、性差を見ることができる。小学生については、99万人の小学5年生を対象に、握力、上体起こし、長座体前屈、反復横とび、50メートル走、立ち幅とび、20メートルシャトルラン、ソフトボール投げといった運動種目が調査されている。

その結果、ソフトボール投げと20メートルシャトルランには性差があった。ソフトボール投げの飛距離は、女子が平均14・6メートル、男子は平均で25・4メートルで、男子は女子の1・74倍も遠くまで投げたのである。

ところが、報告書には、これについて「男女間でやや違いが見られた」とだけ記されている。おそらく性差の問題に配慮してのことだろう。99万人分のデータを用いているのだから、1・74倍というのは、統計学的に「やや」どころではなく、「きわめて大きな違いが見られた」と言わねばならない。(20メートルシャトルランは、男子50・1回、女子38・7回で、比が1・29倍だった。シャトルランに見られるこの性差はなにに由来するのだろうか?)

†性差の起源

性差は、投擲能力のような身体能力に限られるわけではない。心的な能力にも性差が見られる場合があり、そのうちいくつかは、男女が狩猟と採集の役割分担を長い間続けてきた結果として考えるとうまく説明できるものがある。

たとえば、地理的認知における方略の違いである。男性は距離や方向の手がかりに頼る傾向があるのに対し、女性はランドマーク（目印）を重視する傾向がある。この場合にも、男性がおもに用いる手がかりは、狩猟でのように広い空間を渉猟するのに適し、女性がおもに用いる手がかりは、採集でのように近場の空間を効率よく回るのに適していると説明できる。

これまでになされている研究では、男性は、空間的操作課題、投擲課題や隠れたものの発見課題などが得意で、一方、女性は、ものの異同（微妙な違い）の発見課題、言語の流暢さの課題、手先の器用さが関係する課題などが得意だということが明らかにされている。とはいえ、こうした性差が生まれながらのものかどうかは不明だ。実際、多くの能力の性差は、生活してゆくなかでできあがってゆくものなのかもしれない。

こうした能力やスキルの性差の一部は、好みや興味の違いから出発していることが多い。子どもの遊びのところでも触れたように、男の子と女の子が共通に好む遊びもある一方で、男の子と女の子それぞれがとくに好む遊びがあり、そうした好みは、かなり幼い時から（まわりの影響を受け始める以前から）現われ始める。

こうした好みや興味の性差は、絵にも現われる。幼い子どもにクレヨンか色鉛筆を渡して、自由に絵を描かせると、女の子は花や植物や人間（おもに女性）などを描くことが多いのに対し、男の子は動物や乗り物を描くことが多い。

「好きこそものの上手なれ」ということば通り、自分の好む遊びや興味のあることを楽しみながら何度も繰り返してゆけば、それに関わる能力やスキルは磨かれてゆくだろう。さらに言えば、それに関わる脳の部分もより発達するだろう。したがって、ある程度成長した時点で男女間に見られる能力的な性差は、もとは好みや興味の性差が生み出したものなのかもしれない。

もちろん、子どもたちの能力やスキルの獲得には、社会がもつ男女についての定型像――ステレオタイプ（固定観念）――も大きな影響を与える。こうした性ステレオタイプは、男（女）はこうであらねばならない、それをすべきだ、あれをしてはいけないという形で縛りをかけ、良くも悪くも、社会的な性《ジェンダー》を形作る。こうした性ステレオタイプは、特定の能力やスキルを大きく伸ばす役目をはたす一方で、それ以外の能力やスキルが伸びるのを抑え込むという役目もはたす（コラム12も参照）。

コラム12　女性が向いていない分野？

理数系の領域、とくに数学や物理学などのハードサイエンスや工学の分野には、女性が少ない。美術史においても、女性の芸術家は最近になって出てはくるものの、それ以前は姿を見せない。だから、女性はそういった領域や分野に向いていない。そういう主張が昔から（いまも！）ある。しかしこれは、男性にも女性にも、特定の能力や才能を伸ばす、あるいはそれらを発揮する機会が同じように与えられた上でという前提条件を忘れてなされている主張である。

最近まで、そうした領域や分野（広くは男性向きとされる職種）では女性が締め出されていることが多かったし、それらに就くための教育やトレーニングの機会も制約されていることが多かった。それに社会や文化には、それぞれの性に適した領域や分野があるといったステレオタイプがあり、その影響も大きい。また、芸術でも学問でも、作品や研究において男性が多産《プロダクティヴ》な頃に、女性は出産と育児という本来の意味での多産の時期にあたっていて、そちらに忙しく、芸術や研究のプロダクツを産み出すだけの十分な時間をもてないということもある。

私の好きな画家、モーゼスおばあさん《グランマ・モーゼス》を例に出そう。農婦と主婦として働き詰めの生活を送ったのち、彼女がリュウマチの治療の目的で絵を描き出したのは、75歳だった。それから101歳で亡くなるまで、自分の暮らしてきた農村の風景を描いた。その数なんと1600点！（日本では、東京・新宿の損保ジャパン東郷青児美術館に彼女の絵のコレクションがある）。もともと絵の才能を秘めていた人なのだろうが、その才能を開花して爆発させるのが75歳以降だというのは、驚きでもあると同時に、頼もしくもある。才能の開花や伸張は社会的環境がそれを許すかどうかだということを示す1例である。

こうした社会的環境の影響の例をもうひとつあげておこう。どの国でも、高校以上では、女子は数学の科目が不得意で、成績を平均すると女子は男子ほどの成績をとることができないという傾向が見られる。ところが、女子に「女子は数学ができない」という固定観念をもたせないようにして男子と同様の教育を行なうと（たとえば数学のよくできる女性の教師が教えると）、成績は男子とほぼ同じになるという報告が出されている。文化や社会がもつ性ステレオタイプは一方の性の能力を伸ばすが、他方の性ではその伸びを制約するようにはたらくという1例である。

†男女の分業

狩猟採集生活が生んだこうした性差をもとに、ヒトはさらに分業をする。ヒトの進化を考える上で、「分業」はひとつのキーワードだ（第一部では、ヒトでの右手と左手の分業、脳のなかでの分業について紹介した）。

ヒトの社会は、分業で成り立っている。一人前になれば、人はそれぞれ仕事につき、職業をもち、役割を担う。私たちはこれを当然のことと思っているが、動物の世界を見回すと、これが必ずしもそうではないことがわかる。

社会性の昆虫（とくにアリやハチ）では発達した分業システムが見られることがあるが、ほかのほとんどの動物には、（子育てのような繁殖上の分業は例外として）細分化された分業は見られない。それぞれの個体は、すべきことをしないと困るのはほぼ自分だけで、それによってまわりの者が困ることはまずない。彼らには、期限も、ノルマも、義務も責任もない。時間という決まりも、約束もない。それらは、複雑な社会があって、分業、すなわち社会のなかで割り当てられている役割があって発生することなのである。

以下では、そうした分業のひとつ、男女の分業について考えてみよう。アメリカの文化人類学者ロイ・ダンドレイドは、調査報告のある224の狩猟採集社会や農耕牧畜社会について、男女の分業がどのように行なわれているかを概観している。図27と図28は、それを整理してみたものだ。

これからわかるのは、ほとんどの社会では、狩猟や漁労は男性の仕事だということである。金属や石や木の加工ももっぱら男性が行なう。一方、粉引きや水運びや調理は女性の仕事である。衣類、織物や陶器の製作も、女性が行なうことがほとんどである。もちろん、男女のどちらかに偏らない仕事もある。たとえば火を作り守ることや作物の世話や収穫、住居の建築などは、社会によって男性が行なったり、女性が行なったり、あるいはともに行なったりする。ここに見られる男女の分業の特徴的形態は、私たちの祖先が長い間狩猟採集の生活のなかで分業を行ない、それが現在にも引き継がれていると考えるのがごく自然だろう。

分業をするのは、生活上の制約に応じて役割を分担したほうが仕事を効率的にこなせるからである。女性が粉引き、水運びや調理、そして衣類、織物や陶器の製作を担当することが多かったというのは、第一には、女性のほうが妊娠や育児に関わらざるをえず、遠くまで出かけるような狩猟に携わることが難しかったからである。遠出して歩き回る仕事は

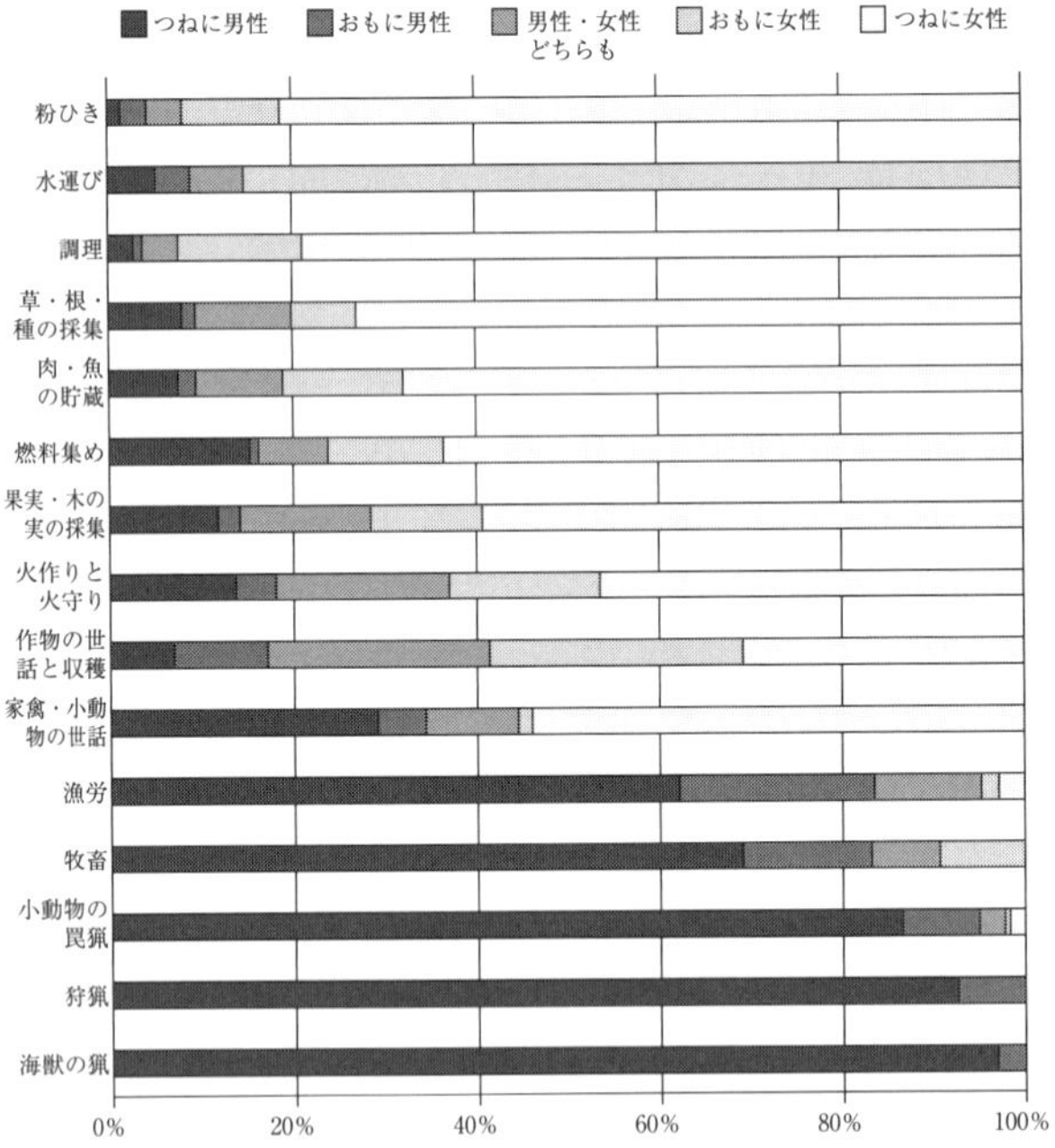

図27　狩猟採集社会・農耕牧畜社会における男女の分業

食料調達の場合。D'Andrade（1974）より作図。

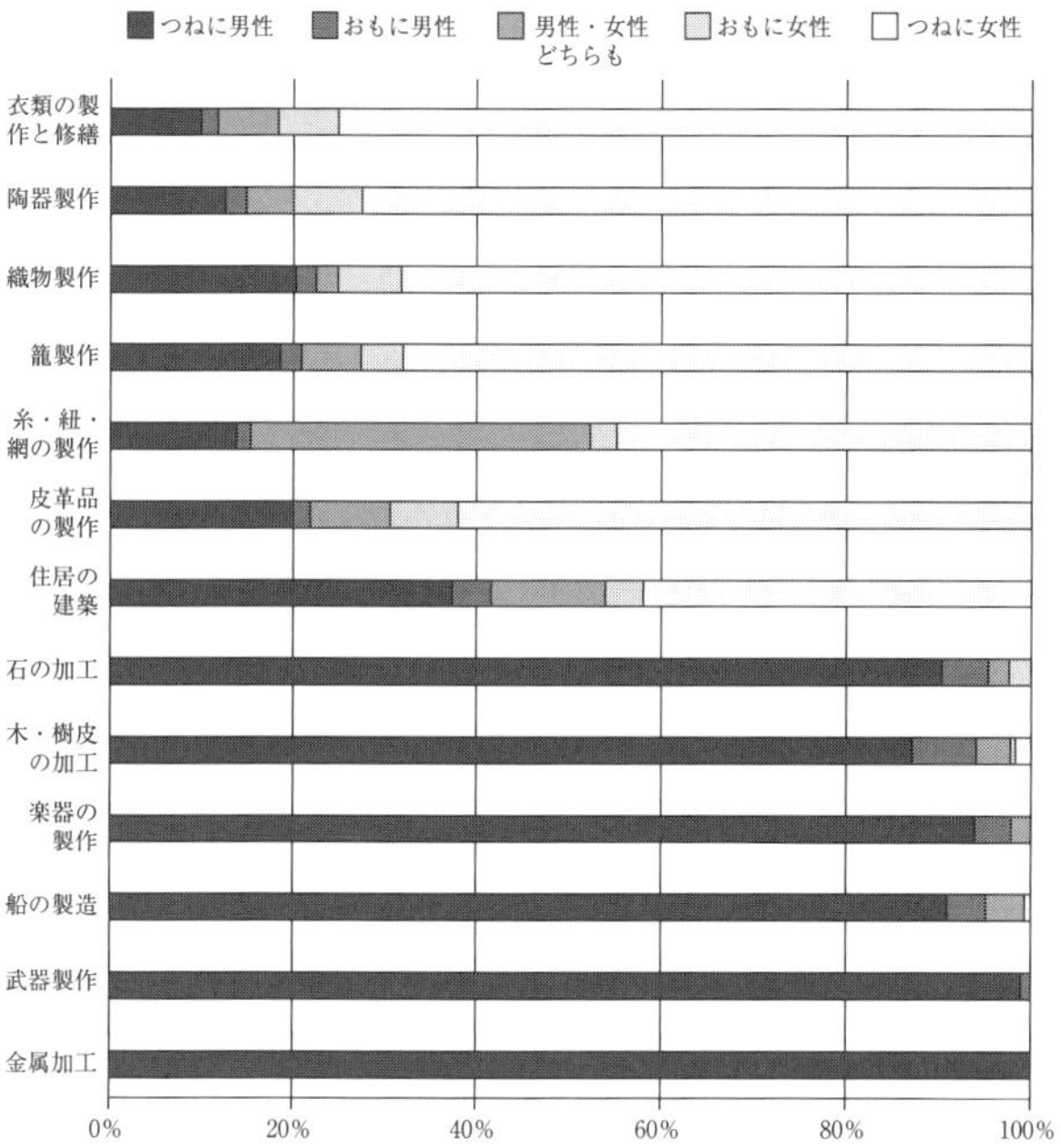

図28　狩猟採集社会・農耕牧畜社会における男女の分業
加工作業の場合。D'Andrade（1974）より作図。

男性に任せ、近場で採集と家事を受け持つことになったのだろう。

　女性がおもに妊娠や育児に関わらざるをえなかったというのは、哺乳類の宿命である。卵で生む動物では、もっぱらオス（あるいはメス）が子育てを担当する種もあるし、またオスメスが等しく子育てをする種もあったりと、さまざまだが、メスが授乳しなければならない哺乳類ではそういうわけにはいかない。

　もちろん、状況によっては女性が狩りをしたり、男性が採集の一部を担ったりと、多少のヴァリエーションはあっただろう。しかし、大ざっぱに見ればこうした性による分業があり、それが長い間綿々と続き、その間にそれに関係する能力の性差が拡大していった、そして社会のなかの性ステレオタイプも、それにともない顕著なものになっていったと考えることもできる。つまり、分業を始めた際には多少の性差があったにしても、生活上の制約が明確な分業体制をもたらし、その後分業が性差をさらに強めるという促進効果を生じさせたのだろう。

　このように、分業はヒトの社会のひとつの大きな特徴であり、私たちは社会のなかでいくつもの役割をもって生きる。次の第三部では、ヒトのこうした社会と社会性の土台にあることばと「心の理論」の能力について詳しく見てゆくことにしよう。

第三部

ヒトの間で生きる

——ことば、心の理論とヒトの社会

†おとなになるまでの長い時間

ヒトは、おとなになるのに長い時間がかかる。自分の属す社会や文化のなかで一人前になるのにおよそ20年（文化や社会によっても異なるが、15年から25年というところか）、日数にして実に7000日以上を費やす。生物界では驚くべき長さの時間だ。これはつまり、社会に出るにはそれだけ身につけなければならないものがあるということである。

ヒトの進化のキーワードのひとつは「未熟」だ。これは、たとえばヤギやウマがほぼ生後すぐから立って歩けるのに対し、ヒトは過度に未熟な状態で生まれてくるので、当面はひとりではなにもできず、おとなによる世話を必要とするという意味だ。20世紀半ば、スイスの生物学者アドルフ・ポルトマンは、これを「生理的早産」と呼んだ。彼によると、ヒトは、ほかの哺乳動物に比べて11カ月ほど早く――母親のおなかのなかにそれだけの時間とどまっているべきところを――この世に生まれ出てくるのだという。

確かに、ヒトの場合、立って歩くことができるようになるのは1歳頃だ（図29）。それまでは自分で移動することもままならない。これはほかの動物では考えられないことだ。最初の単語、初語《しょご》が出現するのも1歳を過ぎてからだ。脳や神経細胞《ニューロン》についてもそうだ。

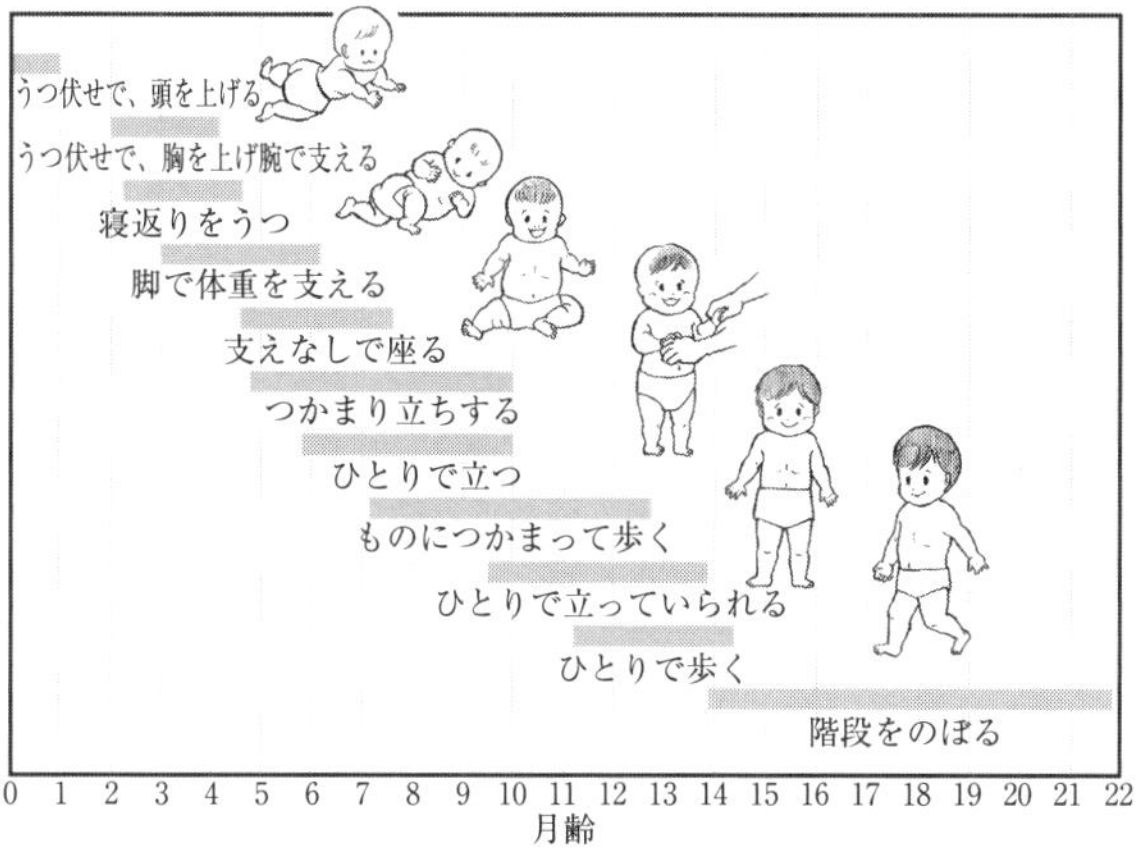

図29　乳児が歩けるようになるまで
できるようになる大体の時期を示す。Schacter, Gilbert & Wegner (2008) より作成。

脳の神経細胞のシナプス数が最多になるのは生後8カ月頃だ（これ以降は「刈り込み」が行なわれ、シナプスの数は減ってゆく）。神経線維の「ミエリン化（髄《ずい》鞘《しょ》化《うか》）」——神経線維が絶縁体の役目をはたす脂肪質の鞘《さや》にくるまれ、効率のよい信号伝達が行なわれるようになる——がほぼ完了するのも1歳を過ぎてからだ。頭骨やそのほかの骨の発達も、類人猿の新生児と同程度の状態になるには、少なくとも1年かかる。免疫系も1歳頃から本格的に始動する。

　このように、ヒトの場合には、生物として生きてゆく最低限の能力が揃うのには、生後1年を待たねばならない。1歳まで未熟な状態でいることが可能なのは、おとなの側の全面的な養育があるからだ。ヒトの「生理的早産」は、養育者の存在が前提条件になっている。

1歳以降、子どもは、能動的にさまざまな知識や能力を急ピッチで身につけてゆく。そのなかでもっとも重要なひとつはことばだ。これによってまわりの人たちとの豊かなコミュニケーションが可能になる。そしてもうひとつは「心の理論」の能力である。この2つがほぼ身につくのが6歳から7歳。これで、子どもは学校という教育システムのなかに入ってゆく準備態勢が整うことになる。そしてこの教育に浸る期間は、数年から十数年におよぶ。これがおとなの社会に出るための見習い期間に相当する。

私たちはヒトとして生まれてきて、ヒトとヒトの間で生きることを学び、そして実際に生きる――「人間」と称するゆえんである。この第三部では、ヒトの大きな特徴であるこの社会性をとりあげる。いま述べたように、社会性はとりわけ「心の理論」と言語――この2つもヒトに特有だ――に支えられている。第三部では、この2つを基軸にヒトの社会性を考えてみよう。

†ホモ・ソシアリス――ヒトの社会

ヒトが社会的な動物だとはよく言われる。社会をもつ動物は、もちろんヒトだけではない。しかし、その規模と重層性の点で、ほかの動物の社会とはきわめて明瞭な一線を画す。まず、これら2つの点について押さえておこう。

ヒトはいま地球上に70億人いる。単一の種類の動物の個体数としては驚異的な数だ。それは、系統発生的にヒトと近縁の類人猿と比べてみると、よくわかる。チンパンジーの現在の生息数は、15万頭程度と見積もられている。ゴリラは20万頭、オランウータンは6万頭という推定値だ。個体数のもっとも多い類人猿でも、日本の中程度の地方都市の人口ほどしかいない。ヒトがこれだけの個体数をもちえているのは、第一部で述べたヒトならではのモビリティと環境への適応力、そして第二部で述べた農耕と牧畜によって大量の食料が安定的に賄《まかな》えることの産物だが、それに加えて（あるいはそれ以上に）、私たちヒトが緊密な社会、協力し合う社会を築き上げる能力や性質をもっているからである。

この70億という数の人間が、重層的にいろんな社会を構成している。しかも、その社会はほとんどの場合、閉じられておらず、開かれていて、流動的だ（その社会のメンバーになったり、メンバーでなくなったりすることも可能という意味だ）。

たとえば、あなたが大学生だと仮定しよう。大学では、ゼミに所属し、部活やサークルに所属し、授業ごとのクラスがあり、学部に所属しているだろう。家に帰れば家族がいて、父方・母方それぞれの親族がいて、近所には顔見知りの人たちがいて、幼稚園から高校や予備校までそれぞれに友人・知人がいるだろう。アルバイトやボランティアをしていれば、そこでの人間関係もあるだろう。フェイスブックやミクシィのようなインターネットでつながった社会にも参加していたり、地域や国を超えたつながりもあるかもしれない。

このように、それぞれの単位の社会が、重なり合って、また入れ子構造になって存在している。公的なものであれば、村や町や市、県や州、国といったきっちり入れ子構造になった社会もある。そしてどこかの国の経済がこけてしまうと、ほかのさまざまな国の人々にその影響が波及するといったように、私たちひとりひとりが地球規模でつながっている。社会をもつ動物でも、このような規模やこのような重層性を有するものはいない（コラム13も参照）。

そのそれぞれの社会のなかで、個々の人間（あなたや私や彼や彼女）は、これといった役割を担い、それなりの責任を持ち、はたすべき義務を負っている。あなたが5つや10の社会に属していれば、あなたは5通りや10通りの役割をはたしていることになる。

コラム13 ダンバー数

オックスフォード大学の霊長類学者、ロビン・ダンバーは、ヒト以外の霊長類のさまざまな種（38種類）について、脳全体に占める新皮質の割合（重量比）を横軸にとり、縦軸には集団を構成する個体数（その霊長類種の集団サイズ）をとってプロット（両軸とも対数軸）すると、直線的な比例関係になることを示した。このことは、新皮質が大きくなるほど、集団サイズ、すなわち社会のサイズも大きくなることを意味している。

ダンバーは次に、ヒトの新皮質の比率をこの関係にあてはめると、どれほどの集団サイズになるかを計算した。値は150人ほどになった。このことから、彼は、ヒトの脳が上限で150人ほどの社会をあつかえるよう進化したと主張した。この150人という値は、現在の狩猟採集民の氏族《クラン》、クリスマスカードの送付先の平均数、効率的な規模の企業組織、集団生活を営む個々の宗教共同体などに見られるサイズでもある。この数は彼の名をとって「ダンバー数」と呼ばれる。私たちがはるかに人数の多い集団を考える場合に判断を誤ってしまうのは、この限界数（脳があつかえる人間の数の限界）を超えているからだ、と説明されることも多い。

しかし、第一部で見たように、ヒトの脳は、ほかの霊長類とはかなり異なる進化をとげており、霊長類全般の法則をヒトにそのままあてはめてよいかという疑問もわく。というのは、彼の論法に従うと、500人とか1000人の集団サイズをあつかえる脳になるためには、ヒトの新皮質が10キログラムとかそれ以上の途方もない大きさでなければならないことになってしまうからである。なお、その後に行なわれた研究から、霊長類以外の哺乳類や鳥類での集団サイズと脳の大きさにはこのような直線的な比例関係がないことがわかっている。

150人という数は、ヒトが集団生活をする上での認知的限界というよりはむしろ別の制約（たとえば日常的にそう多くの人と会えるわけではないといった時間的制約）の反映なのかもしれない。現実には、私たちは、本文に述べるように数千人といった人の顔を再認できる。しかも、社会が多重に構造化されていることと個人が名前をもつことが、個人の識別、記憶と検索をきわめて容易にしている。ダンバー数のような150人という限界に縛られているとしたなら、ヒトはグローバル化する世界にはとてもついていけない（というよりも、世界がグローバル化することすらなかった）はずである。

†顔の記憶

こうした人間社会のなかで暮らすには、いくつかの能力をもっていることが前提となる。

まず第一に、その社会のメンバーを互いに識別できなくてはいけない。IDカードや運転免許証やパスポートで顔写真が用いられるように、これには顔の認識が大きな役割をはたす。私たちは、相手の顔を見ただけで、一瞬で知っている人かどうかを判断でき、どこのだれかまでわかる。しかも、こうした識別能力に加え、顔を覚える能力も驚くべきものだ。

あなたが顔を知っている知人は何人ぐらいいるだろうか？　道端ですれ違ってだれかわかる程度の知人はどれぐらいになるだろうか？　幼稚園に始まってクラスや部活やサークルの友人、先輩や後輩、先生、職場の同僚、親類、近所の人たち、よく行く店の店員や常連客、テレビでよく見る有名人なども含めて数え上げてみよう。

あなたが若い人なら、おそらく数百人にはなったかもしれない。交友関係が広く年季を積んだ人なら、数千人にはなるだろう。つまり、私たちの頭のなかには数百人や数千人分のファイルがあるのだ。しかも、知っている人か知らない人かは、見た瞬間に判断できる。これは、いま目の前にある顔と頭のなかに記憶されている顔の照合がほとんど瞬時になされているということを意味する。

その役目をはたしているのは、左右の大脳半球の下側、下側頭葉と呼ばれる部分の紡錘《ぼうすい》状回《じょうかい》という領野だ。そのため、ここを損傷すると、「相貌失認《そうぼうしつにん》」という障害が起きる。相貌とは顔のことで、文字通り顔が認識できなくなる。覚えているはずの顔が見てもわからなくなるし（自分の顔もだ）、初めて見る顔も覚えることができない（コラム14も参照）。どんな目かはわかるし、鼻がどうなっているか、どんな口かもわかるが、それらのパーツをひとつにまとめて顔として認識することができなくなる。そして表情も読めなくなる。私たちヒトには、かなりの面積を占める独立した領野として顔の処理に特化した脳部位があるのだ。

ほかの動物では、個体識別には視覚情報よりも聴覚や嗅覚の情報を用いる場合が多いし、そもそもヒトのような多人数の社会で暮らしているわけではないから、互いを認知する際に顔はさほどの重要性をもっていない。ヒトの場合には、ほかの人間について知りえたさまざまな情報（その人がだれで、どのような人か、自分とはどこでなにをしたことがあったか）を頭のなかにストックしておき、それらの情報を顔や名前から芋づる式に引き出すことができる。ヒトの厖大な記憶、それは第一には、ヒト特有の複雑で重層的な社会を生きるためにある。

コラム14　顔以外の手がかりで個人を識別する

相貌失認の人は、社会生活では困った状況におかれる。まわりにいる人たちが、顔を見ただけではだれかわからないからだ。では、どうすればよいか。個人を特定するほかの情報を最大限利用するのだ。声、身体的特徴、癖、しぐさや着ているもの、場合によってはつけている化粧水や香水のにおいといった手がかりである。

たとえば、相手にとりあえず挨拶をしてみて、相手がそれに応えれば、その声やほかの特徴から、だれかが（聞いたことのない声なら、知らない人だということが）わかる。指紋はひとりひとり違っているが、「声紋」というように声の物理的特徴もひとりひとり違っているので、それが個人識別の重要な手がかりになる。とはいえ、声が似ている人は結構いるので、顔の場合と同じようにはいかないかもしれないが。

顔や声によるにせよ、あるいはほかの特徴を用いるにせよ、私たちが相手の識別がよくできることは、社会生活を送るための重要な前提になっている。

†「心の理論」

　私たちは、相手の心の状態を読んで次の行動をとる。相手がなにをどう思っているかをつねに気にかけながら（場合によっては意図的に気にかけないようにして）、自分の対処法を決めている。私たちが日頃あたりまえにしていることだ。実は、こうしたことができるのはヒトだけかもしれない。

　この可能性が指摘され始めたのは1970年代末だ。そしてこれがクローズアップされて本格的に研究されるようになるのは、1980年代半ば以降である。したがって、この時点までは、ヒトが相手の心を読める（誤りのことがあるにしても）のが当然のことと思われていたし、まわりにいる動物もそれぐらいのことはしていると思われていた。しかし、そうではないのだ。

　あなたがほかの人に話す時の話し方について考えてみよう。耳の遠そうなお年寄りに話しかける時には、大きな声でわかりやすいようにはっきり話すだろう。幼い子に少し難しいことを言わなければならない時には、平易なことばで噛み砕いて言うだろう。相手がおとなでも、まずは話してみて相手が示す反応から、相手がどの程度理解していそうかを推測しながら、次にどう話せばいいかを考えるだろう。これはすなわち、あなたが相手の心がどんな状態にあるかを推測しながら話し方を変えているということだ。

私たちが目にすることができるのは相手の行為やしぐさや表情だけであり、耳にすることができるのは相手の発することばと声だけである。しかしふつうは、私たちは、それら外に現われたものを通して、相手がなにを意図しているか、いまどんな感情をもっているか、なにを躊躇しているか、なにを思い悩んでいるかを、すなわち相手の心がどんな状態にあるかを推測する。

1970年代末、アメリカの心理学者、デイヴィッド・プレマックは、このような能力を「心の理論《セオリー・オヴ・マインド》」と呼んだ。「理論」という呼び方をしたのは、相手（ヒトあるいは動物）に心を仮定して、いまその心がどのような状態かを推論するからである。その時にプレマックが問題にしたのは、ヒト以外の動物（とりわけ系統発生的にヒトに一番近いチンパンジー）がこのような推論能力をもっているかどうかであった。

プレマックは、サラという名のチンパンジーに、困った状況にある人間を映したビデオを見せて、その人間の心の状態を推測しないと正解の選択肢が選べないような課題を行なわせた。サラは正答したので、プレマックは、チンパンジーもある程度の「心の理論」をもっているようだという結論に達した。しかしその後、チンパンジーも含め、多くの種類の動物で「心の理論」をもつかどうかをテストする研究が行なわれたが、ほとんどは否定的な結果（そうした能力をもっていないという結果）に終わっている（チンパンジーが「心の理論」を構成する下位能力の一部はもっているという結果を示している研究もないわけではないが）。

系統発生的にヒトにもっとも近いチンパンジーが、ヒトがもっているような「心の理論」をもっていないということは、その能力がヒトへの進化の過程で出現したものだということを意味する。そしてこれから述べてゆくように、この能力こそが、ヒトの社会の特質を考える上でもっとも重要な鍵になる。

†社会的器官としての目

では、私たちは、相手の心の状態をどのようにして知るのだろうか？　大きな手がかりのひとつは目だ。「目は口ほどにものを言う」のだ。

ヒトの目は忙《せわ》しないぐらいによく動く。これもヒトの特徴のひとつだ。ほかの動物で、これほど目の動きが頻繁な動物はいない。これは、ヒトの目では網膜の中心（「中心窩《ちゆうしんか》」と呼ばれる部分）の解像度（視力）がきわめてよく、周辺部は悪いので、ものをはっきり細かなところまで見るためには、目を動かしてそれを目の中心にもってくる必要があるからだ。

私たちは、気になるものに目を向けないでいることがなかなかできない。同様に、相手の目の向きを気にしないでいるのも難しい。模式的に描かれた目であっても、その目の向きによって、私たちはその方向に（目の向きは無視せよと言われていても）自動的に注意を向けてしまう。したがって、目の向きや動きは、相手の関心や注意を知るための重要な手がかりになる。

ほかの動物では、相手の目の向きや目の動きをこのようにはとらえていない。相手の目を気にすることはあるが、それは目が自分に向いている場合に限られる。たとえばニホンザルなどの場合、自分に目が向いていれば、威嚇された（いわば「眼《がん》をつけられた」）と感じるが、目が自分に向けられていない場合には注意を払うことはない。人間に飼われているチンパンジーでは、目の向き（視線）の理解ができる場合があるようだが、野生の個体はおそらくこのような理解をもっていない。ただし、ルイジアナ大学の心理学者、ダニエル・ポヴィネリは、飼育されているチンパンジーでも視線の理解が（それに指差しの理解も）まったくできないということを一貫して報告しており、チンパンジーにはこの能力がない可能性もある。

ヒトの赤ちゃんでは、相手と目を合わせること（アイコンタクト）は生後すぐからできるものの、相手の視線の動きを追うことができるようになるのは、生後8〜9カ月頃からだ。この頃から相手の注意の行方を気にするようになり、他者との「注意の共有」（後述）の前提条件が整い始める。

私たちは、目の向きや目の動きに対して敏感なだけではない。相手の目の瞳孔の微妙な変化も感じとる。瞳孔の大きさ（瞳孔径）は、第一にはまわりの光の量によって変化するが、それだけでなく、興奮した時（たとえば好きなものを見た時など）にも広がり（自律神経系の反応のひとつだ）、意識することは少ないが、私たちはこれを相手の関心や興味を知る手がかりとして利用している。

このように、目は感覚器官であるだけでなく、心の状態を教える社会的器官でもある。ほかの霊長類の目と比べると、ヒトの目は横長で、白目と黒目の境目がはっきりしており、目の向きが明瞭にわかる。このような構造も、視線の方向という社会的信号を送り、注意の共有に一役買っている。目に付随して言えば、その上のくっきりした眉毛も感情を示す手がかりになる。

†表情の鏡

目に加え、顔の表情の変化——眉の動き、眉間《みけん》の皺、口元の緩み、頰のこわばり、鼻孔のふくらみ、顔色の変化などなど——も、その人の心の動きを映し出す（ヒトの顔に毛がほとんどないことも、表情の変化を見えやすくしている）。笑い、喜び、悲しみ、怒り、恐怖、驚き、嫌悪、軽蔑、困惑、恥ずかしさ、はにかみといった感情は、意識的に抑え込まないかぎり、顔や身体に出る。これらも、心の状態を知る大きな手がかりになる。

当然のことだが、私たちは、鏡を使うといったことをしないかぎり、自分の顔や表情を見ることができない（自分のものなのに！）。しかし、対面の状況では、お互いの表情が鏡になる。

実験をしてみよう。図30に示すように、お母さんに、赤ちゃんを抱いて鏡のまえに座ってもらう。お母さんには、赤ちゃんの顔を見ながら平静な表情でいるよう頼む。しかし、お母さんは表情を変えないでいるということができない。赤ちゃんが泣き出すと、お母さんもつられてそのような表情をしてしまう。赤ちゃんがニコニコ笑えば、お母さんもニコ

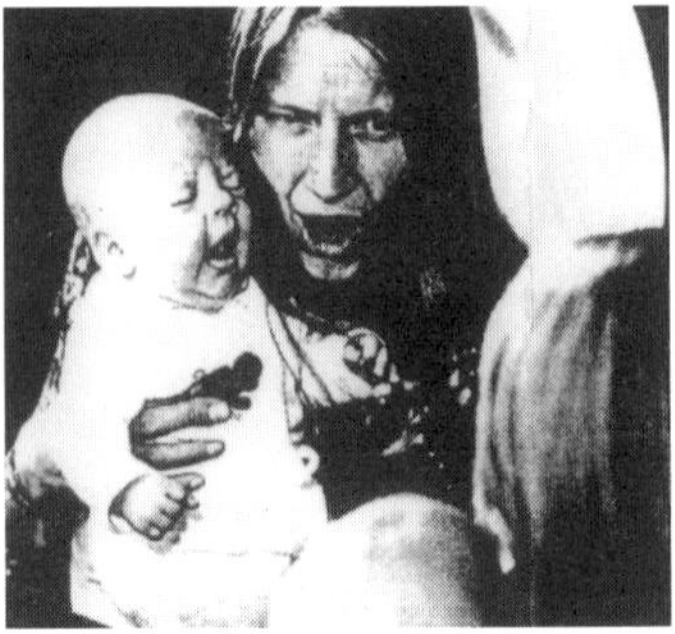

図30　バイオロジカル・ミラー
Papoušek & Papoušek（1984）より。

ニコしてしまう。これはかなり自動的な反応であり、そうしないようにするのが難しい。ドイツの心理学者、ハヌシュ・パポウシェックとメヒチルド・パポウシェックは、これを「生物学的鏡《バイオロジカル・ミラー》」と呼んでいる（相手の表情を鏡のように映す性質がヒトには備わっているという意味で「バイオロジカル」と表現している）。

　この鏡は双方向だ。1977年、ワシントン大学の心理学者、アンドリュー・メルツォフとキイス・ムーアは、赤ちゃんがおとなの表情をまねるということを発見して、ほかの研究者を驚かせた（というのはそれまでは、模倣行動は一定の発達段階にならないと出現しないと考えられていたからである）。赤ちゃんの目のまえで、舌を出す、しかめっつらをする、口をとんがらかすといった表情をすると、それを見た赤ちゃんが、ほんの一瞬だが、その表情をすることがあるのだ（図31）。

　この表情の模倣は、生後すぐの新生児でも観察されたため、「新生児模倣」と呼ばれる

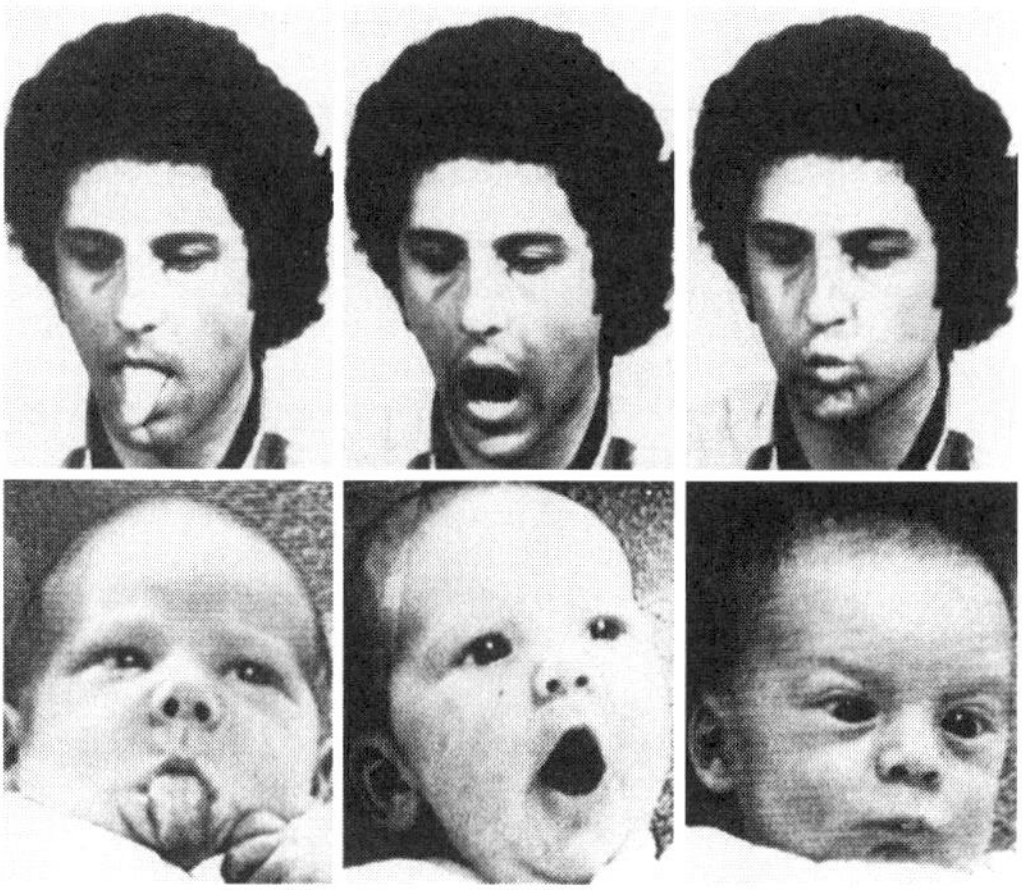

図31　新生児模倣

赤ちゃんによる表情の模倣。Meltzoff & Moore（1977）より。

ようになった。この新生児模倣は、いわば反射のようなものであり、生後2カ月を過ぎると消失する（したがって、新生児はおそらく意識して表情の模倣をしているのではない。実際に、本格的で意図的な模倣が姿を現わすのは、生後10カ月を過ぎてからだ）。とはいえ、ここで重要なのは、表情の模倣という自動的な反応メカニズムが新生児に備わっているという点である。

通常はまず感情があって、それが表情を生み出すのだが、この関係を逆にして、特定の表情を作ると、それに対応する感情を喚起できることも多い。したがって、相手と同じ表情をすること（表情の模倣）は、そのもとにある感情の共有、すなわち「共感」や感情移入を容易にすると考えられる。いまあげた例のような親と新生児の間の表情の模倣は、両者間の感情の共有（とりわけ親の側の）を促し強めるための、ヒトに備わった巧妙な仕組みと言えるだろう。

この例ほど極端ではないものの、私たちは、だれかと対面していて、その人の表情を見ているうちに、自分も同じような表情になることが多い。もらい泣き、もらい笑い、つられあくびは、そうした例だ。また、相手の表情が急に変化したのは自分が表情を変えたためだとわかることもある。相手の表情は、自分の表情を映す鏡になる。

†言語コミュニケーションと表情

会話のなかでも、表情は、相手の心のうちを知るための重要な手がかりになる。私たちは、ことばでコミュニケーションする場合でも、相手の表情（もちろん目の動きも）の変化を考慮に入れながら相手の真意を忖度《そんたく》する。これが会話におけるコミュニケーションの常態だ。手話での会話も、手話の動作をしながら、それを修飾するように豊かな表情をともなわせるのがふつうだ。

ことばだけで（たとえば印字されたものだけで）表情がともなわない場合には、相手の心のうちや、微妙なニュアンス、真意（冗談やためらいや遠慮も含めて）が伝わらないことがよくある。ケータイメールで顔文字が頻繁に使われるのも、そのほうがより対面の会話に似たものになるからだ。表情を補って、「心の理論」がはたらけるようにしているのだ。

もちろん、言語によるコミュニケーションにつけ加わる手がかりは、これだけではない。話す時の抑揚、間のおき方、強勢の付け方も、「心の理論」にとって推論の材料になる。これらの手がかりは、言語そのものではないが、言語に付随するものなので、「パラ言語」（パラは周辺の付属品といったような意味だ）と呼ばれることがある。例をあげると、「スミマセン」は言語本体の情報だが、これに済まながっていることが表われるように抑揚をつけ、済まなそうな表情で頭を下げるという動作を加えれば、伝えたいことは十二分に伝えられる。

このように、言語によるコミュニケーションには、つけることのできるアクセサリーがたくさんあり、「心の理論」にとっては、そのアクセサリーのほうが重要なことが多い。

†誤信念課題

「心の理論」をもっているかどうかは、どうすればわかるだろうか？　これを調べるために考え出された、簡単だが巧妙なテストがある。「誤信念課題」と呼ばれるテストである。この課題を用いて子どもをテストした結果、発達的にきわめて興味深いことがわかってきた。

そうした課題のひとつが「サリーとアンの課題」だ（図32）。サリーとアンという2人の女の子が部屋のなかにいる（実物で示されることもあるし、映像で示されることもある）。サリーがボールをかごに入れ、部屋から出てゆく。次に、アンがそのボールをかごから取り出して箱に移し替え、部屋から出てゆく。そこにサリーが戻ってくる。ここで質問――サリーはどこにボールを探しにゆくだろう？

正解はかごだ。なぜなら、ボールは実際には箱のなかにあるが、サリーは、それが箱に移されたのを見ておらず、そこに移されたことを知らないのだから、まだかごのなかにあると思っている（「誤った信念」をもっている）はずである。

この課題で試されているのは、サリーの心のなかのこと（サリーが知っていること）を正しく推論できるかどうかである。この課題をさまざまな年齢の子どもで試してみると、3歳児はほとんど正答できず（「箱のなかを探す」と答える）、5歳から6歳頃にならないと、正答しない。これらの結果は、「心の理論」が発達的には4～6歳頃に獲得されるという

図32　誤信念課題（サリーとアンの課題）
Frith（2003）より作成。

ことを示している。

実は話はここで終わらない。さらにわかった重要なことがある。このテストを自閉症の子で行なうと、その多くが（5歳や6歳を過ぎても）このテストに正答できないのだ。これは、相手の心の状態が推論できていないということを示唆する。実際、自閉症の人は、共感能力に乏しく、ほかの人との「注意の共有」がうまくできず、コミュニケーションに大きな困難を抱えている。それゆえ、相手の心の状態を推論することができないことが、すなわち「心の理論」を十分にもてないことが自閉症の本質なのではないかと考えられるようになった。ケンブリッジ大学の心理学者、サイモン・バロン＝コーエンは、自閉症を「心が読めない障害《マインド・ブラインドネス》」と呼んでいる。

†他者の視点をとる

この誤信念課題には、自分以外の見方ができるかどうか、すなわち他者の視点をとる《パースペクティヴ・テイキング》ことができるかどうかという要素が含まれている。相手の立場に立ってものごとを考えることは、この能力があることが前提となる。

20世紀前半、幼い子どもは「自己中心的《エゴセントリック》」だということが、スイスの発達心理学者、ジャン・ピアジェによって発見される。幼い子どもは、自分の視点からのものの見方しかできない。つまり、ほかの人間からのものの見え方が自分と違っているということがわかっていない（ほかの人間も自分と同じ見え方をしていると思っている）。3歳頃からしだいに、他者からは自分とはものが違ったように見えているのだということがわかり始めるようになる。したがって、誤信念課題は、「自己中心的」な見方を脱け出して（専門的には「脱中心化」という）、他者にはどのように見え、それによって他者がなにを知っているかがわかるかどうかを調べているテストだと言うこともできる。

実は、最近の研究から、この他者の視点に立つという能力がヒトに特有の能力かもしれないということがわかってきた。というのは、チンパンジーでさえ、相手の視点をとらないと解決できないようなテストでは、それに合格できないからだ。たとえば、自分の位置からは見えるものが、相手からは途中に障害物があるために見えないということが理解できない。

他者の視点に立つことができるというこの能力は、自分がどういう人間かを自覚し始めること（「認知的自己」の出現）とも無関係ではない。というのは、認知的自己は、他者と自分の違いがわかり、他者から自分がどう見えるかを意識することから始まるからである。

この認知的自己が出現し始める時期は、鏡に映っているのが自分だということがわかり始める時期（2歳より少し前）ともほぼ対応している。

ヒトの社会のなかでは、他者の視点をとることができることは、他者になにかを教える場合に、すなわち「教育」場面でとりわけ重要になる。教える側本位ではなく、教わる側に立つことによって、より適切な教え方をすることが可能になるからだ。ほかの動物では、教えるという行為がほとんど見られないのは、第一にはこのような能力がない——他者の視点をとれない——からなのかもしれない。

†ホモ・イミタトゥス——模倣と学習

ヒトでは、生後10カ月頃になると、意図的な模倣が姿を表わす。これ以降、子どもは、さかんにまね（模倣）をするようになる。

動作の模倣について考えてみよう。まねる側は、他者がする一連の動きを見て、それをいったん記憶し、時間をおいてからそれを自分の動きへと変換して再現する必要がある。このように書くと、複雑なことをしているというのがわかるが、ヒトはこれが簡単にできる。おそらく私たちには、他者の動きを見てそれを記憶・変換・再現する能力が生まれながらに備わっている。というのは、先ほど述べた新生児模倣はほぼ自動的な反応だし、意図的な模倣も発達の過程でふつうは自然に出現するからである。

第一部でも述べたように、模倣（まね）は、私たちヒトの大きな特徴だ。動作のまねから、歌まねや声帯模写、芸術作品の模倣からファッションのまね、そして生き方のまねまで、模倣は私たちの生活や文化のなかのコアな要素になっている。子どもたちがよくするごっこ遊びやふり遊びも、こうした模倣能力の発露である。

まねることによって、そしてほかのだれかになりきることによって、子どもたちはさまざまなことを習得してゆく。言語の習得でも、こうした模倣は大きな役割をはたす。まわりで話す人をまねてみるということがなければ、言語の習得はおそらく困難か、あるいは不可能だろう。もちろん、まねだけで言語が習得できるわけではない（文法といった法則性の習得についてはそうだ）が、発音や話し方の習得はまねが中心になる。

ところが、驚くべきことに、こうした模倣はほかの動物にはほとんど見られない。「サルまね」ということばがあるが、サルはまねることがない。動作のまねの訓練をいくらしても、まねるようになることはないようだ。

チンパンジーでも、野生個体の模倣行動が観察された例は少ない。人間に飼育されているチンパンジーでは、動作の模倣をさせることがある程度できるものの、その動作は単純なものに限られる。手本のモデルがした簡単な行為のまねは、すぐならできるが（「即時模倣」）、まねをするまで時間をおく「延滞模倣」の場合には（これをするためには動作を記憶しておく必要がある）、間に入る時間がほんの数秒であっても、ほとんどできなくなってしまう。また、実際にものがあって、それを持ち上げるとか載せるとかいった動作の模倣はある程度可能だが、ものを介さない動作（たとえばパントマイム）はまったく模倣できない。

これに対して、私たちは、ほかの人間がした動作を、ふつうは、それがどんな動作であっても（たとえば初めて目にするダンスや体操）、そして時間をおいても、それをそっくりそのまま逐一再現できる。しかも、この模倣はあまりに容易にできるために、私たちはそれがひとつの能力であることにさえ気づかない。しかしいま見たように、動作のこうした模倣は、動物界ではきわめて珍しい特殊能力なのである。

私たちの生活は、もっぱらこの模倣の能力の上に乗っかっている。だれかがやることを観察して、あるいはものを作る過程やできあがったものを手本にして、それらをまねして（多少は自分流にデフォルメやアレンジし直しながら）受け継いでゆく。第一部で述べたように、これこそが「文化」の本質だ。

「学習」ということばそのものが、「学ぶ」(まねぶ、まねる)と「習う」(右倣《みぎなら》えのならえ)から成っているように、まねることは学習の基本だ。まねることができなければ、まえの世代からの文化も、まわりでだれかがしている有益なことも、自分のものにすることはできない。第一部でも述べたように、いまできていることを、模倣をせずに自分の力だけで一から身につけようとしたら、気の遠くなるほどの時間がかかるはずである。

これに加えて、教える側は、教わる側の人間の熟達度や理解度や困難度に応じて(ここでも「心の理論」が本領を発揮する)、まねが容易にできるように材料やステップをリアレンジする。教育とは、教え・教わるという明確な意図をもった個人どうしが、相手の心の状態を考慮しながら行なうインタラクティヴな行為なのである。

†「心の理論」とヒトの社会

では、「心の理論」をもつヒトとおそらくもたないチンパンジーとは、社会性の点でどこがどのように違うのだろうか? チンパンジーの場合、相手に対処する時、その対処は目に見える相手の行動だけにもとづいている。相手の心のなかがいまどうなっているか、相手がどう思っているかはどうでもよい。相手がどう反応し、どう行動するかで、相手に対処している。彼らは、他者の心を忖度しない個人主義者だと言ってもよい。それで彼らの社会生活はうまくいっている。

別の言い方をすると、チンパンジーは、相手の行動や反応といった客観的な指標だけに頼るという点で、行動主義者だとも言える（行動主義とは、20世紀の前半から中頃にかけて心理学において一世を風靡した考え方で、心理学が観察できない「心」をあつかうのではなく、「行動」をあつかうべきだと主張した）。もし社会のなかのみながみな、心を考慮せずに行動だけを考慮するなら、その社会はシステムとして十分に機能する。

一方、ヒトは、心を仮定せずにはいられない。チンパンジーが行動主義者だとすると、ヒトは根っからの心理主義者だということになる。相手の行動を見るだけでなく、その背後にある心の状態を読んでしまう。もちろん、読み間違いもするし、深読みすることもあり、相手に対して疑心暗鬼になることもある。しかし、社会のなかのほとんどの人がまわりの人間の心を読んで行動するのであれば、これはこれで社会システムとして十分に機能する。

ヒトの社会は、相手の行動や言動をそのままストレートにとるわけにはいかず、そのもとにある心の状態を忖度しなければならない、少々めんどうくさい社会である。他者のことを気遣う社会、思いやりのある社会であると同時に、おせっかい焼きの社会、たえず嘘やだましに対する警戒が必要な社会でもあるのだ。私たちは、親身になって相手のことを考えるだけでなく、相手の顔色をうかがい、腹のなかをさぐり、本音なのか建前なのかも考える。

したがって、私たちの社会では、「心の理論」をもたなければ、すなわち相手の心を読まずに行動だけを見て対処する場合には、相手との間にさまざまな齟齬《そご》が生じる。事実、自閉症の人は、こうした社会的コミュニケーションがうまくできないという困難を抱えている。言われたことば通りに理解し、相手が嘘を言っているとか、本心でないことを喋っているとか、それが冗談だといったことがわからない。

嘘がつけるのも、そして相手の嘘がわかるのも、「心の理論」をもっているからできることだ。実際、「嘘つき」は、子どもの認知発達の重要な指標である。簡単な嘘は3〜4歳ぐらいからつけるようになるが、話として一貫した嘘をつけるようになるには、さらに数年が必要であり、これは叙述の能力が身につくことが直接関係している（もちろん、複雑な嘘をつく場合には、話を矛盾のないように作り上げる必要があるので、論理的な能力も必要になる)。嘘は、相手に誤ったことを故意に伝える行為だが、相手がそれで間違うことを想定していないかぎり、つまり相手の身にならないかぎり、嘘をつくことはできないし、人をだますことも、詐欺をはたらくこともできない。

「心の理論」のこうした側面(ある意味の悪賢さ)を指して、「マキャヴェリ的知性」と呼ぶことがある。『君主論』を著した16世紀のイタリアの政治家、あのニッコロ・マキャヴェリにあやかった呼び名だ。傑出した君主になるためには、相手にこちらの本心を悟られぬようにしながら逆に相手の心を読み、嘘をついたり、裏をかいたり、手練手管《てれんてくだ》で計略を用いて相手をだますこと(いわゆる「権謀術数《けんぼうじゅつすう》」)ができなくてはならない。こうした「マキャヴェリ的知性」は、社会生活を送る上では、相手をだますだけでなく、相手にだまされないようにするためにも、不可欠な能力だ。これは「心の理論」があって初めて可能になる。

†ミラーニューロン

では、「心の理論」は脳のどの部分が関係するのだろうか? 実は、1990年代半ば、他者理解、模倣や「心の理論」に関係する画期的発見があった。「ミラーニューロン」の発見である。

発見者はジャコモ・リツォラッティ。イタリアのパルマ大学の神経生理学者である。当時彼は、サルの大脳の前頭葉のある部位に微小電極を差し込んで、モノに向けた行為をする時に反応するニューロン（神経細胞）の活動を記録していた。ある時彼は、奇妙な性質をもつニューロンがあることに気づいた。それらのニューロンは、サル自身がなにかの行為をした時だけでなく、だれか（人間やほかのサル）がその行為をしたところを見ても、反応した。

つまり、ひとつのニューロンが二重の役割をもっていたのだ。これは多くの研究者を驚かせた。というのは、それまで、ニューロンの役割はなにかひとつであって、二重の役割をもつことはまったく想定されていなかったからだ。

リツォラッティは、他者の行為を鏡のように映し出して反応するニューロンという意味で、これらを「ミラーニューロン」と名づけ、他者がしている行為の理解に関わる細胞なのではないかと考えた。相手がする行為の理解は、共感や「心の理論」へと通じる最初のステップである。それゆえ、多くの研究者がこれに類する性質をもったニューロンやその脳部位に関心を寄せることになった。

では、ヒトの脳には、こうした「ミラーニューロン」はどこにどのようにあるのだろうか？　ヒトの場合には、脳に微小電極を刺すわけにはいかないので、ニューロンレベルの研究は無理だが、大ざっぱながら、fMRI（機能的磁気共鳴画像法）やTMS（経頭蓋磁気刺激法）やEEG（脳波）といった方法を用いて、他者の行為――たとえばほかの人が痛がっている映像――を見て共感している時に、脳のどのあたりが活動的になるかを調べることが可能である。その結果、ヒトでは、サルの脳よりもはるかに広範囲にミラーニューロンのようなニューロン――自分の行為と同様に他者の行為にも反応する細胞――があるようだということがわかってきた。

それらは、前頭葉眼窩野《がんかや》、前頭葉内側部、帯状回《たいじょうかい》前部、上側頭溝《じょうそくとうこう》、側頭-頭頂接合部といった部位であり、大脳では後頭葉を除く全域にわたっている。そしてこれらの部位間には緊密な連絡経路があることも、明らかになりつつある。これらは、他者の行為や感情の理解、共感、そして「心の理論」に関わっていると考えられる。それゆえこれらを総称して「社会脳」と呼ぶこともある。自閉症については、これらの部位の機能不全が疑われている。

ここで、サルは「ミラーニューロン」をもっているのに「サルまね」しないのかという疑問をもった方も多いのではないかと思う。確かに引っかかるところだ。おそらくは、サルでのこれらのニューロンは、他者のする行為の理解に関わってはいるが、それ以上のものではないのだろう。いま述べたように、ヒトでは、「ミラーニューロン」のようなニューロンが脳の広範囲の部位にわたっているという点でサルとは明らかに異なり、それらは他者の行為の理解のみならず、他者の感情の理解や共感に関わっている。

なお、最初にサルで発見された「ミラーニューロン」があった部位は、前頭葉のＦ５と呼ばれる部位だが、ヒトの脳でこれにほぼ対応する部位は、左脳の場合にはブローカ野やその周辺である。これは、ヒトの発話や言語がどのように誕生したかを考える上でヒントになるかもしれない。

†モノにも心を見る

私たちは相手の人間の心を読むだけではない。動物や植物にも心を見てしまう。第二部で述べたように、私たちが動物を可愛がり草花を愛でることができるのは、それらのものになにがしかの心を見ることができるからでもある。そして私たちは、無生物に対してさえも、そうすることがある（コラム15も参照）。

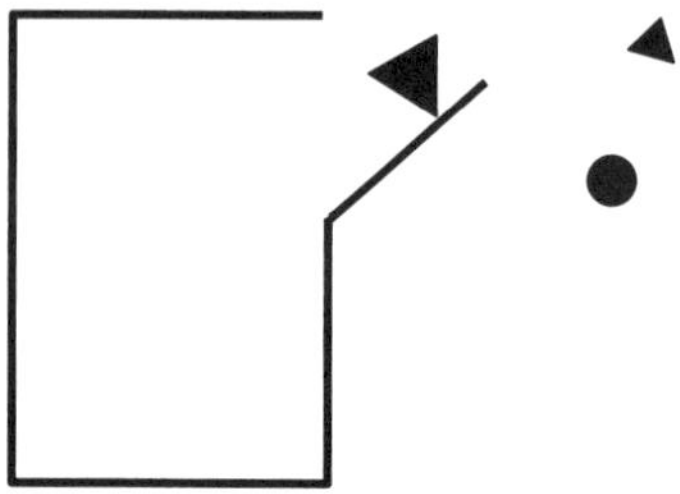

図33　ハイダーとジンメルが実験で用いた動画のひとコマ
Heider & Simmel（1944）より。

無生物にも心を見るというこの傾向をあつかった心理学の古典的実験を紹介しよう。図33はその実験で用いられた刺激だ。円がひとつ、大小2つの三角、それと右上が開いた矩形がある。

1940年代、心理学者のフリッツ・ハイダーとメアリー＝アン・ジンメルは、これらの図形がいろんなふうに動く単純な動画（いまで言えばアニメ）を作成し、それを被験者に観察させ、なにが見えるかを答えてもらった。すると被験者は、三角や丸の接触や反発といったモノの動きとして見るよりも、擬人的な見方をした。たとえば、円と小さな三角が恋に落ちたとか、大きな悪い三角が円からなにかをひったくったとか、小さな三角が恋人の円に向かって「家のなかに入って！」と叫びながら、大きな三角と格闘し、最後は自分も家のなかに入って、それから2人は幸せに暮らしました、といったように。

この実験は、私たちには、単純なモノの動きを見る時でさえも、そこに「心」――それらの動きをするモノの意図や目的――を見る強い傾向があることを示している。別の言い方をすると、私たちには、モノの物理的因果を社会的因果としてとらえる傾向がある。簡単な図形の動きでさえも、「どんな意図や目的があってそう動いたのか」を推測してしまうのである。

私たちは、天変地異のような自然現象にも、だれか（神や超自然的存在）の意図を見てとったり、自分やだれかがなにかをしたのでそれが起こったというように社会的因果を見てしまう。岩や山、洞窟、川や湖など、万物には霊魂が宿り、それぞれ意図や意志をもっているように感じられること（アニミズム）も、これと同類と言えるだろう。しかし、これらは、私たちの「心の理論」によって生み出されたものだ。

コラム15 ボール頭のウィルソン

ロビンソン・クルーソーの現代版とも言える、トム・ハンクス主演の映画『キャスト・アウェイ』（2000年）の状況設定は絶妙だ。トム・ハンクスは、国際宅配便フェデックスの辣腕《らつわん》ディレクターである。彼は、貨物機に乗り込んで南米に向かうが、その貨物機が大平洋上でエンジントラブルを起こし、海中に墜落してしまう。彼だけがなんとか助かったものの、漂着した先は絶海の無人島だった。

彼は孤独で狂わんばかりになった。ところがある日、彼のもとに、同じ飛行機に積んであった荷物のバレーボールが1個流れ着く。メーカーのブランドはウィルソン。ハンクスは、ボールに目と口を書き入れ、これをウィルソンと名づけ、話し相手にする（つまり、ロビンソン・クルーソーの家来、フライデイの代わりというわけだ）。このボールが、彼にとっては心をもった脇役になる。

この映画は、ヒトの社会性の特徴をよく描いている。ひとつは、ボールという無生物のモノを、たやすく人間に見立てることができるということだ。そしてそれだけでなく、そのボールが心（怒ったり、悲しんだり、すねたりする心）をもっていると思うことができる。もうひとつは、その仮想の人格をもったボールがいることで、小さいながら社会ができあがる（喧嘩したり、仲直りしたり、励まし合ったり、悩み事を打ち明けたりできる）ということだ。

映画の後半、トム・ハンクスは、無人島を脱出することに成功する。しかし途中で、海のなかでこのボールとはぐれ、見失ってしまう。彼は、一緒に生還しようと誓ったかけがえのない友人を失って、悲嘆にくれるのだ。

†ホモ・ロクエンス——指差しと注意の共有

次に、ヒトの言語について見てゆこう。言語は、私たちの生活のなかで、どのような役割をはたしているだろうか？　ことばがまったく使えないと、なにが困るだろうか？　以下では、社会生活との関係でことばを考えてみることから始めて、言語と「心の理論」とが組み合わさることで、どのような特徴的な社会と社会性がもたらされるのかを見てゆくことにしよう。

まず、ことばの習得に関係する基本的なところから考えてみよう。ヒトは、ほかの人になにかを指し示すために指差《ポインティング》しをする。驚く人もいるかもしれないが、これをするのはヒトだけである。

ほかの動物はこうした指差しをしないし、指差しの意味も理解しない（第二部で述べたようにイヌは例外だ）。チンパンジーでさえ、野生では、指差しも手指しもすることはない。ただ、人間のもとで飼育されているチンパンジーの場合は、人間の指差しを教え込むと、その機能がわかるようにはなる。とはいえ、教え込んでも、欲しいものに手を伸ばすことはあっても、それ以外でものを指し示すために指差しをすることはほとんどないようだ。

ヒトにとってはこれがあまりに簡単な行為なので、ふだんは考えてみることもないのだが、指差しで指示されている方向とは、指差した人間からの方向である。見ている側は、その指差した人間の位置に自分の身をおかないかぎり（あるいはそれを想像しないかぎり）、指されている方向やものは特定できない（これは先ほど述べた「他者の視点に立つ」能力とも関係している）。私たちにはこれが簡単にできるが、ほかの動物ではそうではないのだ。

ここで、ことばを用いずに、指差しも用いないで、頭や目の向きも用いないで、相手になにかを指し示したり、相手の注意をなにかに向けさせたりする状況を考えてみよう。これはきわめて難しいことがわかる（ほとんど不可能かもしれない）。それとは逆の状況を考えてみよう。ことばのまったく通じない国に行って、相手になにかを頼んだり尋ねたりする状況を考えてみよう。この時には、指差しが魔法のような力を発揮するはずだ。なんと言っても、指差しはコミュニケーションの基本なのだ。

指差しは、ヒトでは生後11カ月頃から頻発するようになる。子どもは自分から指差しをし、またおとなが指差したものにも目を向けるようになる。指差しは、自分の関心のあるものに他者の注意を向けさせるための（「注意の共有」を喚起するための）強力な手段となる。これがいかに強力かつ自動的かは、「あっち向いてホイ」という遊びをしてみると、よくわかる。相手の指差した方向に目や顔を向けないようにすることは、頭ではわかっていても、きわめて厳しい。

最初の指差しの出現から1カ月かそれぐらいすると（1歳前後）、初語も出始め、この指差しの動作には単語がともなうことが多くなる。おそらく、こうした初期の指差しは、言語習得のひとつの重要な要素をなしている。指差しは、単語とモノとの対応関係（指示関係）の習得を助けてくれるのだ。

相手がなにかを指差して（あるいはそちらに顔や目を向けて）、その名前を言ったなら、私たちは、その名前がそのなにかのことだとわかる。この簡単なことが、ヒト以外の動物にはできない。ここで前提となるのは、互いが同一のものに注意を向けていること（注意の共有）と、名前がその対象を指すということ（指示）がわかることである。このどちらかでもできなければ、当然ながらことばの習得はうまくゆかない。（発達過程でコミュニケーションに問題を抱える自閉症の子どもの場合には、ことばの習得がほかの子より遅れることが多いが、それはこの注意の共有が十分に機能していないからだとも考えられる。）

こうした指差しや「指示」が関わるのは、基本的な名前（単語）の習得だけではない。日常の言語のなかでも指示や指示語は多用される。これ、それ、あれ、どれ、この、その、あの、どの、ここ、そこ、あそこ、どこ、こちら、そちら、あちら、どちらというように（英語なら、this, it, that, which ……がそれらに相当する）。これによって、すでに出てきた語を繰り返さなくてよくなるので、文章は驚くほど短くなり、冗長にならずに済む（複雑極まりない学問的内容や人間関係が「それ」や「あれ」で済むことも多い）。これも、指示されていることがお互いの間で了解されているからこそできることだ。あなたのする会話のなかにこのような指示語がどれぐらい登場するか数えてみるとよい。ふだんは意識しないが、かなりの頻度になるはずである。

ちなみに、1930年代にこれらの指示語に「こそあどことば」という軽妙な名称を与えたのは、佐久間鼎《かなえ》という九州大学の心理学者だった（国語学の分野でよく知られているが、本来の専門分野は実験心理学で、話者から見た「これ・それ・あれ」の心理的距離も実験的に調べた）。

†地名と人名

言語に関連して社会生活で重要な役割をはたすもうひとつのもの、それは地名と人名だ。場所にまったく名前がついていない状態を想像してみよう。ほかの人間とあの山の向こうのある場所に行こうと思っているのに、その場所を示す名前がなければ、その方角を指し示す程度のことはできるにしても、その場所は指定しようがない。世界地図か日本地図を見てみるとよい。ふだんは地形や道路や線路に注目してしまうが、活字に注目すると、おびただしい数の名前にあふれていることがわかるだろう。

同様に、まわりのどの人にも名前がない状況を想像してみよう。あなたの頭のなかでは、人の整理がつかなくなってしまうかもしれない。どこそこ（地名）のなん《ファミリー・ネイム》の・だれそれ《ファースト・ネイム》というラベルがあるからこそ、個人は特定できる。名前が使えなかったなら、厖大な数の人間を区別して覚えておくことなどとてもできないだろう。名前は、識別・再認・想起・検索のために不可欠なラベル（手がかり）である（**コラム16**も参照）。**コラム13**で述べたように、これが、ヒトが驚くほどの数の顔を識別でき記憶できるということと組み合わさって、ダンバーの言う集団サイズの限界を超えることができるのだ。

このことは、地名と人名だけでなく、実はすべてのものにあてはまる。名前（ラベル）がなければ、厖大な種類の動植物、鉱物や人工物を区別したり、記憶したりすることはおそらく不可能だ。区別、そしてそれをもとにした大がかりな分類は、ラベルがなければ成立しない（**コラム17**も参照）。

生まれたばかりの赤ちゃんに命名することでその赤ちゃんの社会的な生が始まるように、新たに発見される生物種もラテン語の学名がつくことで種として認知される。新たに発見される彗星も、名前がついて初めて星として認められる。すべては名前から始まる。私たちのまわりにあるさまざまのものは、名前がつくことで初めて明確な認識の対象となるのだ。

コラム16　相手を覚える

一度にたくさんのことは覚えられないから、できるだけ節約して覚えたほうがよい。多くの人は、そう思っているかもしれない。ところが、人間のことに関してはこの逆で、たくさんのことを覚えたほうが思い出しやすい。

あなたが私のことを覚えるとしよう。節約をして「鈴木」という姓だけを覚えるとしよう。しかし、世のなかには鈴木の姓の人間はごまんといるし、よくある名前だという印象だけが残って、佐藤や山田や田中と混同することもあるかもしれない。

逆に、名前はフルネイムで覚え、どんな顔、体つきで、何年の生まれで、干支はなにで、出身地はどこで、どこに勤めていて、どこに住んでいて、どんな趣味があって、どんな酒が好みで、どんな癖があって、奥さんはどんな人かまでを一度に覚えてしまうとしよう。この記憶は強力だ。たくさんのタグがつけられているので、出身地からでも、趣味からでも、生年からでも、私に関する情報を――それこそ「芋づる式」に――引き出すことが可能になる。

このように、前述した顔の記憶や認識に特化した脳領域があることも含め、私たちの記憶は、相手がどういう人間かを覚えるのに特化している（英語の単語や数学の公式、歴史上の年号を覚える時の労力と比べてみてほしい）。これは当然だ。本文でも述べたように、私たちの記憶は第一には社会を生きるためにあるからだ。

†出来事を伝える（4W1H）

また、ことばがあることで、私たちは、いつ、どこで、だれと（だれを、だれが）、なにを（なにが、なにに）、どのように、なぜする（した、するだろう）か、すなわち4W1Hを述べることができる。

ことばを使わずに、この4W1Hを伝えることは、おそらく不可能だ（ことばを使わずに、どうすれば「明日の午前10時に、渋谷のハチ公前に、ここにいない彼氏を必ず連れて来てよね」という内容を伝えることができるだろうか？）。ことばがあって初めて、私たちは明日や1週間後の約束や待ち合わせができる。ヒトが約束をする生き物（そしてそれを守る、場合によっては故意にそれを破りもする生き物）であるのは、ことばがあってのことだ。

これは、過去についても言える。ことばがあって初めて、その出来事が、いつ、どこで、どのように、なぜ起こったのかを伝えることができる。遠い地で自分が見たことも、帰ってからほかの人間に伝えられる。それは、ほかの人間との知識の共有が可能になるということでもある。歴史の叙述は4W1Hが中心になるが、これもことばがあって可能になる（文字を使って、それを書き残すことができるのなら、なおのことよい）。

もちろん、噂、ゴシップやデマが広まることを可能にしているのも、このことばだ。ことばがなければ、噂やゴシップ自体がありえない。考えてみたことのある人は少ないだろうが、ほかの動物の社会には、噂もゴシップも存在しない。風聞《ふうぶん》をぺちゃくちゃ喋りまくる動物たちは、ディズニーや絵本のなかの世界に限られる。

私たちは、自分がどう見えているか、どういうふうに思われているか、どう評価されているかがとりわけ気になる（ここでも「心の理論」がはたらいている）。しかし、こうした社会的な評判や評価には、多くは本人のあずかり知らぬところで、ゴシップや噂が大きく影響する。

†ホモ・レリギオスス——ゴシップと神の心

私たちは、他者の心が気になるだけではない。神や先祖や超自然的存在の心も気になる。私をどうお思いか。神様は、私の行ないの一部始終をどこかで見ていて、私の心のうちを見抜いているかもしれない。その行ないがどう判断されるかで、罰が下されるかもしれないし、よいことが降ってくるかもわからない。（とはいえ、私のほうは、神の心を気にするものの、その心が読めない。なぜなら、神の姿や表情をふつうは見ることができないからだ。）

心理学者でコラムニストのジェシー・ベリングは、近著『ヒトはなぜ神を信じるのか』（2012年）のなかで、こうした神や先祖や超自然的存在に対する信念が進化の過程のなかでどう出現したかを以下のように説明している。

私たちヒトはゴシップが大好きだ。これは、先ほど述べたように、ことばを介して出来事の一部始終を他者に伝えることができるようになったおかげだ。実は、ヒトだけのこの特性が、ある問題をもたらす。

ヒトがことばをもち始め、「心の理論」をもち始めた太古の時代に、あなたがいるとしよう。あなたは、社会に反する行為をして、運悪くそれをだれかに目撃されてしまった。どうなるだろうか？　おそらくそのだれかは別のだれかにそのことを伝えてしまうだろう。実はさまざまな研究から、ヒトはこうしたゴシップ、とくに他人のマイナス面の出来事を伝えずにいられない（自制するのがきわめて難しい）ということがわかっている。あなたについてのそのゴシップは、口コミで社会のなかに広まってゆき、それはみなの知るところとなるだろう。その結果、あなたはその社会からつまはじき（場合によっては追放や処刑）の憂き目に会うことになるかもしれない。こういった状況は、ことばがなかった時代には考えられなかったことだ。

こうしたゴシップの標的にならないようにするには、どうすればよいだろうか？　最善なのは、人のいるところではそうした行動を慎むことである。しかし、人の目はいつどこに潜んでいるかもわからない。油断は禁物だ。もしあなたが、つねに自分を見ていて道徳的な評価を下す存在がいるように感じ、反社会的行動を自制できるとしたら、どうだろうか？　おそらくあなたは、そうした性質をもたない者よりもヒトの社会を生き残る（そして子孫をふやす）可能性が高くなるだろう。つまり、そうした性質は自然淘汰の対象となりえただろう。これこそが、神や超自然的行為者の存在を感じとるという性質だというのである。

このように、ベリングは、ヒトがことばをもつようになり、かつ「心の理論」をもつようになったこと——すなわちヒト特有の社会のなかで生きること——の産物として神（あるいは霊や超自然的存在）を説明する。それらは、ヒトの進化がもたらした適応的錯覚だというわけだ。

†叙述の能力と幼児期健忘

ことばの話題に戻って、ことばが記憶にどう関係するかについても考えてみよう。

私たちは、幼い時のことをほとんど覚えていない。自分に起こった出来事でもっとも幼い時の思い出はいつかをおとなに尋ねると、さかのぼれる人でも3歳がいいところで、多くの人は5～8歳になる（図34）。なぜ幼い時のことは覚えていないのだろうか？

最初にこの現象をとりあげて「幼児期健忘」と呼んだのは、「無意識」の発見者で精神分析学の父でもあったジークムント・フロイトである。彼は、幼児期の思い出は心のどこかに残ってはいるのだが、それが嫌なこと、性的なこと、あるいは不快なことであるため、「抑圧」された状態にあり、通常は意識にのぼってくることがないのだと説明した。現在

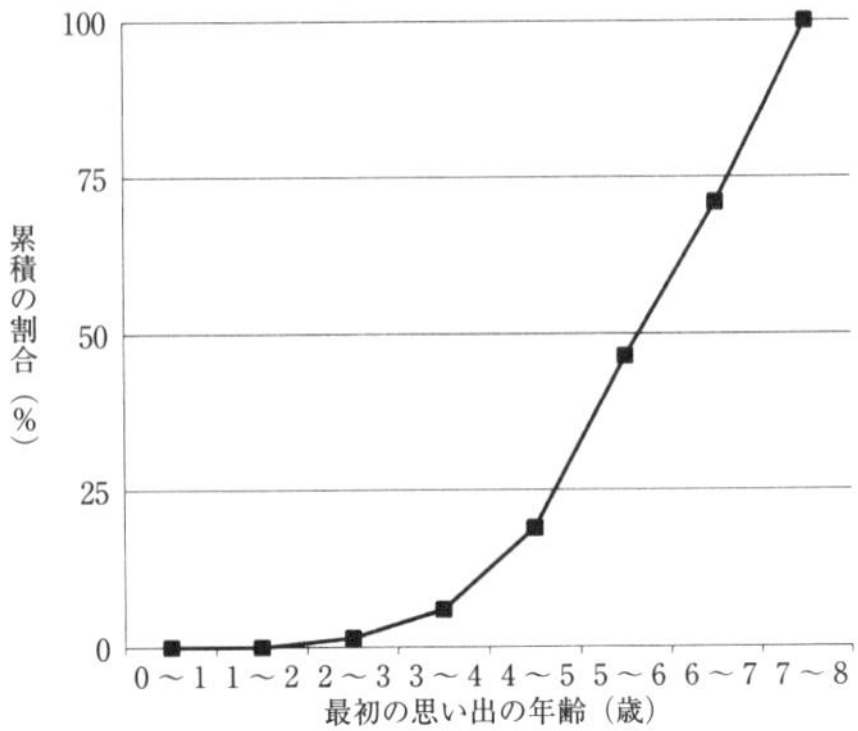

図34　最初の出来事の思い出
幼児期の出来事はほとんど覚えていない。ヴォークレール（2012）より。

では、フロイトのこの説明は、科学的にはまったく支持されていない。（そもそも、幼児期の出来事はなぜ嫌なことや不快なことばかりなのだろう？　それはどう証明できるのだろう？）

幼児期のことは実はまったく覚えていないわけではない。3歳や4歳児でも数カ月前の出来事を断片的に覚えていたり、光景のスナップショットが記憶に残っていたりすることがある。しかし、それがいつ、どこで、どのように起こったかという時間的に構造化された記憶として残っていることはほとんどない。

この幼児期健忘は、子どもの認知発達の点から次のように説明できる。子どもは、3歳頃（ことばの爆発の時期）からことばをある程度自在に使うことができるようになり、その後ことばを用いて、自分に起こったことの叙述（「いつ・どこで・だれと・なにを・どのように」したか）と出来事の時間的継起（なぜ起こったかという原因と結果の関係なども）の整理ができるようになってゆく。

自分に起こった出来事の記憶は、専門的には「エピソード記憶」と呼ばれる。つまり、エピソード記憶はことばの助けを借りて体制化され、叙述のスキルの獲得にともなって他者に向けて語ることが可能になるのだが、それがある程度できるようになるのが5〜8歳頃なのである。したがって、それ以前は、自分の出来事がエピソード記憶として残ることはまずない。

もちろん、これは脳（海馬や扁桃体、側頭葉や前頭葉など）の成熟や発達とも密接に関係している。また、発達的には「心の理論」の獲得とも、そして自分がどのような人間かという自覚（「認知的自己」）の出現とも深く関係している。これらはエピソード記憶を強め、逆にエピソード記憶がこれらを強める。そこでは、ことばが大きな役割をはたす。

†動物にエピソード記憶はあるか？——心のなかの時間旅行

だとすると、ことばをもたない動物は、エピソード記憶をもっていないのだろうか？

動物も、どこかで痛い思いをすれば、そこを避けて通るようになるし、なにかを食べて体の具合が悪くなるという経験をすれば、以後はそれを食べなくなる。しかし、これは、痛い思いをした場所を覚えておくだけでよいし、具合が悪くなる直前に食べたものを覚えておくだけでよい。エピソード記憶がとくに必要なわけではない。

では、エピソード記憶はなぜ（あるいは言い方を変えてどのような時に）必要なのだろうか？　必要になると考えられるのは、他者との関係が問題になる時である。すなわち、相手が自分に対して（あるいは自分が相手に対して、あるいはだれかがだれかに対して）いつ・どこで・なにを・どのように・なぜしたかによって、自分がとるべき行動や相手がとりそうな行動も違ってくる場合である。

実は、エピソード記憶をもつ可能性のある動物がまったくいないわけではない。これまでに行なわれた実験から、カラスの仲間、カケスが簡単ながら「いつ・どこ・なに」程度のことは覚えることができることが示されている（これは、ことばを使わずにエピソード記憶がどの程度可能かという問題を再提起する）。ここで特徴的なのは、ヒトと同様、彼らもきわめて社会的な――仲間のことを気にしなければならない――動物だということである。

私たちは、自分に実際に起こった過去の出来事を想起できるだけではない。さらに、起こらなかった出来事も思い浮かべることができる。もしこうなっていたら、あの時ああしていたら、といった仮定の出来事を（時には後悔の念も交えながら）思い浮かべることができる。そしてこれから起こるだろう出来事についても、明日の自分、1年後や30年後の自分に起こるかもしれない出来事についても思い浮かべることができる。

もしあなたがスケジュール帳を使っているなら、それを開いて見てみるとよい。そこには、まだ起こっていない出来事がたくさん書いてあって、それらの一部始終をあなたは不安や期待をもってイメージすることができるだろう。

トロント大学の心理学者、エンデル・タルヴィングは、この能力を「心のなかの時間《メンタル・タイム・トラ》旅行《ヴェル》」と呼び、それがヒトだけのものだと考えた。私たちは、未来へも過去へも、物語の舞台や架空の世界へも旅することができる。これに対して、ことばをもたない動物には、それをするのは不可能か、できるとしてもきわめて限られている。

†ことばがあるから考えることができる

ことばは、コミュニケーションにおいて大きな役割をはたすだけではない。私たちは、ことばで考えることもしている。ここで、この本を脇において、ことばを使わずにものを考えるということをしてみよう。はたして、どこまで可能だろうか？

そもそもそのような状態が想像できないかもしれない。ことばを介して考えることが私たちの常態であるため、私たちは、ことばを使わずにものを考えるということがどのようなものかを想像するのが難しい。

光景や音、触感や匂いなどは思い浮かべることができるにしても、論理的で筋道立った思考は、ことばを使わないと、まったく無理かもしれない。もちろん、前述のように、ことばを使わなければ、出来事（エピソード）を記憶しておくことも、明日の約束について考えることもきわめて難しくなる（あるいは不可能だ）。失語症は、発話の能力や言語理解の能力が失われてしまうことを言うが、それは言語の障害というだけでなく、思考の障害でもある。

こうした一種の思考実験（まさしく思考実験だ）をしてみて気づくのは、ことばをもたない動物は私たちがするような論理的思考や内省がまったくできないということ、そしてことばをまだ習得していない幼い子もそうだということである。複雑で、筋道立った思考や内省は、ことばをもつヒトだけのものかもしれないのだ。

†複雑な人間関係をことばで表現する

同様に、複雑な人間関係、とりわけ相手がそのまた別の相手についてどう感じたり思っていたりするかは、ことばがあることではじめて明瞭になる（ここで「心の理論」が関係してくる）。複数の人間どうしのこうした関係（そしてそれについての表現）は、多くの場合入れ子構造をなしている。たとえば、だれかがほかのだれかのことを考えているということを別のだれかが考えていて、そのことを私が考えているということを読者のあなたが考えているというように。こうした入れ子構造は、専門的には「再帰性」とも呼ばれる（コラム17も参照）。

この入れ子構造は何重にもできる（とはいえ、難なくわかるのは四重か五重ぐらいまでかもしれない）。そしてそれは文としても表現可能だ。例文、とりわけ入れ子構造が明確な英語の例文（節のなかに節がある）で示してみよう。Kintaro doubts that you know that she has heard that I was really in trouble.（キンタローは、ぼくが困っていたことを彼女が耳にしたということをあなたが知らないんじゃないかと思っている。）四重の入れ子構造で、それぞれの人間がほかの人間の心のうちを推論しているが、理解するのはそう難しくないだろう。

コラム17　入れ子構造、分類、記憶

入れ子構造は、英語で言うと「ネスティング」だ。コンピュータのプログラミングをしたことのある人なら、大きなプログラムが小さなサブプログラムから、そしてそれらはさらに小さなサブサブプログラム（サブルーチン）からなっていて、それが多重の入れ子構造をしていることをよくご存じだろう。これがネスティングだ。この構造を使わなければ、プログラムがやたら長くなって、おそらくプログラムの体《てい》をなさなくなる（なにかをまとめて、「あれ」とか「それ」とか「これ」とか言えないのと同じだ）。パソコン上のいくつものファイルをまとめてフォルダに入れ、さらにそれらのいくつものフォルダをまとめて別の大きなフォルダに入れるといったことも、そうした例だ。

身のまわりを見渡してみると、ほとんどのものがこうした入れ子構造をしていることがわかる。たとえば、この本もそうだ。三部構成になっていて、さらに各部には小見出しがあって、小見出しのもとにはいくつかの段落が並び、その段落はいくつかの文章から構成されている。こうした入れ子構造（この場合は階層構造でもある）こそが分類（すなわち、ものの整理）の基本

だ。入れ子構造、そしてそれぞれにつけられた名前《ラベル》のおかげで、私たちはものを認識するのが、そしてそれを整理して覚えるのがきわめて容易になる（シェパード、プードル、スピッツ、コリー、ブルドッグ、秋田犬などをひとまとめにしてイヌに、イヌやネコやゾウやネズミやロバなどをひとまとめにして哺乳類に、哺乳類や鳥類や爬虫類や魚類などをひとまとめにして脊椎動物にするというように……）。

時間の認識や表現も、入れ子構造をしている。秒があって、それがまとまると分になって、分がまとまると……（長くなるので中略）……世紀になる（日や月や年は自然の単位だが、秒や分や時間や週や世紀は、一定の長さの時間をまとめるために、ヒトが作り出した概念だ）。数の認識や表現についても、まったく同じことが言える。数がまとまるごとに、上の位になる。計算という数の操作も、入れ子構造をしている（数式中のカッコがまさしくそうだ）。

このように、入れ子構造は、言語のきわめてすぐれた特徴というだけでなく、私たちの認識（事物の概念、分類、カテゴリー化など）の屋台骨をなしている。ほかの動物では、おそらくこうした形式の認識をしていないし、できもしない。

言語がこうした入れ子構造を生み出すのか、それともその逆なのかはわからないが、少なくとも、入れ子構造によって、認識そのものが組織化されて、世界が私たちにとって秩序立ったものへと姿を変えているのは確かだ。本文でも述べたように、複雑な人間関係をとらえる（そしてそれを表現する）上でも、こうした入れ子構造の認識が絶大なる力を発揮している。

†「心の理論」があるから文学がありうる

あなたが小説を――たとえばドストエフスキーの『悪霊』を――読むとしよう。読み終えるには、丸2日ほどかかるかもしれない。この小説には、端役を除くと、70人ほどが登場する。読み進めるうちに、あなたは、それぞれの登場人物が、どういうふうな経歴で、どのような性格で、どのような状況にあって、いまはどういう心境かについて、さまざまに思いをめぐらすだろう。だれがほかのだれをどう思い、その心のうちをどう読んでいるかまで、その複雑な人間関係や心模様を頭のなかに構築できるだろう。次なる展開を予想して、どきどきはらはらもするだろう。

このように、あなたは、架空の世界（それはドストエフスキーというロシア人が頭のなかでこしらえた世界だ）のなかで起こっていることについてさまざまなことを思うことができる。考えてみると、これは驚くべきことだ。しかも、その驚くべきことをやってのけているのは、あなた自身だ。

私たちがすぐれた小説に心揺さぶられるのは、登場人物たちの目まぐるしく変転する心

——嫉妬や煩悶や相克や後悔——を読みとることができるからだ。そして私たちは、小説を読みながら、主人公の身にも、敵の身にも、老婆にも青年にも、罪人《つみびと》にも、変幻自在になることができる。

これは、私たちが「心の理論」をもち、それによって共感や感情移入ができるから、そして入れ子構造として人間関係をとらえることができるからこそ、可能になる業《わざ》だ。そう、あなたはあなたの人生だけでなく、ほかの人々の、そして仮想の人々の人生の一部をも、想像のなかで生きることができる。それは、自分の経験の拡張ということだけでなく、ありうるいくつもの生を生きることができるということでもある。これこそが文学の本質だ。

演劇や映画についても、まったく同じことが言える。それらも「心の理論」がなければ成立しない。映画を考えてみよう。映画自体が、多数のカットから組み立てられている。視点が移動したり、ある位置から別の位置へと切り替わったりする。心理的時間を暗示するかのようにスローモーションや早回しがある。過去の情景のフラッシュバックがあったり、空想の場面が挿入されていたりする。それを見ながら、あなたは第三者にも、登場人物のだれかにも、それを撮った監督にもなってみることができる。

この当たり前にできることが、動物にはできない（彼らは、自分の視点から見た、現在だけに生きている)。彼らには、視点の切り替え、未来と過去と現在の場面の切り替え、現実と空想の場面の切り替えがまったく理解できない。私たちヒトは、それを当然のようにわかるだけでなく、さらに、登場人物たちそれぞれの心の動きをそこに見る。

†ヒトの社会――あなたのことを思ってくれる人がいる

こうした文学や想像力とも関係するが、「心の理論」によって特徴づけられるヒトの社会のひとつの重要な点を指摘して第三部を終えることにしよう。

それは、ひとことで言うと、あなたがひとりぼっちではないということだ。たとえひとりでいたとしても、あなたはたえずだれかのことを考え、思い、気にかけている。先ほどけんかして別れた友人の心中を思い描いたりもしている。逆も言える。いまこの時にどこかであなたのことを思ってくれている人がいる。あなたのことを(いいことにせよ、悪いことにせよ)噂してくれている人がいる。だれかのことを思い、だれかから思われる――「心の理論」がこれを可能にしている。

オーストリアの精神科医で心理学者のヴィクトール・フランクルは、第二次世界大戦中のアウシュヴィッツの死の淵から奇跡的に生還できた人だ。彼は、強制収容所での苛酷な労働と、たえず死がそばにある絶望的な状況のなか、仲間に（そして自分にも）、自分たちのことを思いながら待っていてくれる人たちのことを思うように言う。「どんな苦境にあっても、だれか——友、妻、生きているだれか、亡くなっただれか、あるいは神——がぼくたちのそれぞれを見守っていて、ぼくたちがその人や神を失望させないことを願っているのだ」。フランクルの言うように、人間は待っていてくれる人がいるからこそ生きられるのかもしれない。

そう、あなたは心を介してほかの人とつながっている。あなたの頭のなかには、たくさんの人々の思い出も詰まっている。いまこの世にいない人も、あなたの思い出のなかで生きている。あなたの生のなかには、ほかの人の生も入れ子のように入っている。逆に、あなたを知るほかの人の頭のなかでも、あなたが生きている。

いまこの地球上でそれをしているのは、驚くべきことに、私たちヒトだけなのだ。

図版作成　畠山絵美

あとがき

私たちヒトはほかの動物とどこがどう異なるのか？　ヒトの心はどのように特殊なのか？　そして私たちヒトとはなにものなのか？　だれもが関心を寄せる刺激的なテーマであり、このテーマについて書くなら、さまざまな切り口がありうる。

しかし、いざ書き出そうとすると、材料がふんだんにあるがゆえに、どの切り口にするかで思案に暮れることになる。試行錯誤の末、本書では、私たちが日頃なにげなくしていることやごく身近にあるものこそが「ヒトらしさ」の本質だということを中心に話を展開してみた。手前味噌ながら、200ページの入門書という条件のもと、わかりやすく穏当な切り口になっているのではないかと思う。

本書の土台は、私が手がけた翻訳書にある。この10年ほどの間に「ヒトの心の進化」に関係する本を8冊ほど翻訳してきたが、その過程で得た知識や着想を膨らませたのが本書である。翻訳の過程で議論していただいた著者の方々、とくにジェシー・ベリング、パスカル・ボイヤー、ドナルド・ブラウン、ジョン・カートライト、デイヴィッド・プレマック、ジェレミー・テイラー、ジャック・ヴォークレールの諸氏に感謝する。

もうひとり、感謝すべき方がいる。10年ほど前、会議でいつも隣の席だった先史考古学の藤本強先生である。先生には、先史時代の遺跡の巡り方を教えていただいた。その教えに従い、2夏《ふたなつ》、リュックを背負ってヨーロッパの遺跡巡りにでかけた。本書の第一部は、その時の気持ちの高ぶりで始まっている。もし本書に多少なりとも勢いがあるとしたら(そうであってほしいが)、それはその余勢である。きっかけを作っていただいた故藤本先生に感謝する。

原稿は、執筆の過程で、切り口の選択に誤って、2度ほどあえなく廃紙回収コーナー行きとなった。ちくま新書編集部の橋本陽介氏には、ボツ原稿の期間も含め4年半お待ちいただき、最終原稿をきれいな形式に仕上げていただいた。また、イラストのほとんどは畠山絵美さんに描いていただいた。畠山さんとは今回で3度目の仕事になった。本書がなんとか形になったのは、おふたりのおかげである。おふたりにも感謝申し上げる。

2013年4月

鈴木光太郎

コーバリス, M.（2008）『言葉は身振りから進化した――進化心理学が探る言語の起源』（大久保街亜訳）勁草書房
ダンバー, R.（1998）『ことばの起源――猿の毛づくろい、人のゴシップ』（松浦俊輔・服部清美訳）青土社
ボイヤー, P.（2008）『神はなぜいるのか？』（鈴木光太郎・中村潔訳）ＮＴＴ出版
ベリング, J.（2012）『ヒトはなぜ神を信じるのか――信仰する本能』（鈴木光太郎訳）化学同人
サバー, K.（2011）『子どもの頃の思い出は本物か――記憶に裏切られるとき』（越智啓太・雨宮有里・丹藤克也訳）化学同人
Schacter, D. L., Gilbert, D. T., & Wegner, D. M.（2008）*Psychology*. New York: Palgrave Macmillan.
Kita, S.（ed.）（2003）*Pointing: Where Language, Culture, and Cognition Meet.* New York: Psychology Press.
Premack, D. & Woodruff, G.（1978）Does the chimpanzee have a theory of mind? *Behavioral and Brain Sciences,* 1, 515-526.
Call, J. & Tomasello, M.（2008）Does the chimpanzee have a theory of mind? 30 years later. *Trends in Cognitive Sciences*, 12, 187-192.
Suddendorf, T., Addis, D.R., & Corballis, M.C.（2009）Mental time travel and the shaping of the human mind. *Philosophical Transactions of the Royal Society* B, 364, 1317-1324.
Papoušek, H. & Papoušek, M.（1984）Learning and cognition in the everyday life of human infants. *Advances in the Study of Behavior*, 14, 127-163.
Meltzoff, A.N. & Moore, M.K.（1977）Imitation of facial and manual gestures by human neonates. *Science*, 198, 74-78.
Frith, U.（2003）*Autism: Explaining the Enigma*（3rd edition）. Oxford: Blackwell.
Heider, F. & Simmel, M.（1944）An experimental study of apparent behavior. *American Journal of Psychology*, 57, 243-258.
Ehrlich, P.R. & Ehrlich, A.H.（2009）*The Dominant Animal: Human Evolution and the Environment*. Washington: Island Press.
Frankl, V.（1959/2008）*Man's Search for Meaning*. London: Rider.

モーゼス, A. M. R.（1991）『新版 モーゼスおばあさんの絵の世界——田園生活100年の自伝』（加藤恭子訳）未來社
Fleckinger, A.（2009）*Ötzi, der Mann aus dem Eis.* Wien: Folio Verlag.
Coppinger, R. & Coppinger, L.（2001）*Dogs: A New Understanding of Canine Origin, Behavior, and Evolution.* Chicago: University of Chicago Press.
Miklosi, A.（2007）*Dog: Behaviour, Evolution, and Cognition.* Oxford: Oxford University Press.
Kaminski, J., Call, J. & Fischer, J.（2004）Word learning in a domestic dog: Evidence for "fast mapping". *Science*, 304, 1682-1683.
Belyaev, D.K.（1978）Destabilizing selection as a factor in domestication. *Journal of Heredity*, 70, 301-308.
Moreau, Y.（2010）*Les Jeux de Boules.* Paris : HC Editions.
D'Andrade, R.G.（1974）Sex differences and cultural institutions. In LeVine, R.A.（ed.）, *Culture and Personality*. pp.16-39. Chicago: Aldine.
Spelke, E.S.（2005）Sex differences in intrinsic aptitude for mathematics and science? A critical review. *American Psychologist*, 60, 950-958.

第三部

ポルトマン, A.（1961）『人間はどこまで動物か——新しい人間像のために』（高木正孝訳）岩波書店
榊原洋一（2004）『子どもの脳の発達 臨界期・敏感期』講談社
ヴォークレール, J.（2012）『乳幼児の発達——運動・知覚・認知』（明和政子監訳、鈴木光太郎訳）新曜社
ダンバー, R.（2011）『友達の数は何人？ ダンバー数とつながりの進化心理学』（藤井留美訳）インターシフト
プレマック, D. & プレマック, A.（2005）『心の発生と進化——チンパンジー、赤ちゃん、ヒト』（長谷川寿一監修・鈴木光太郎訳）新曜社
バロン＝コーエン, S.（2002）『自閉症とマインド・ブラインドネス』（長野敬・長畑正道・今野義孝訳）青土社
開一夫・長谷川寿一（編）（2009）『ソーシャルブレインズ——自己と他者を認知する脳』東京大学出版会
千住淳（2012）『社会脳の発達』東京大学出版会
明和政子（2012）『まねが育むヒトの心』岩波書店

Provine, R.R.（2000）*Laughter: A Scientific Investigation.* New York: Penguin Books.
Lieberman, D.E.（2011）*The Evolution of the Human Head.* Cambridge, Massachusetts: The Belknap Press of Harvard University Press.
Lewin, R.（1993）*The Origin of Modern Humans.* New York: Scientific American Library.

第二部

シュピンドラー, K.（1998）『5000年前の男――解明された凍結ミイラの謎』（畔上司訳）文藝春秋
本村凌二（2001）『馬の世界史』講談社
ブディアンスキー, S.（2004）『犬の科学――ほんとうの性格・行動・歴史を知る』（渡植貞一郎訳）築地書館
ウィルソン , E. O.（2008）『バイオフィリア――人間と生物の絆』（狩野秀之訳）筑摩書房
日高敏隆・白幡洋三郎（編）（2007）『人はなぜ花を愛でるのか』八坂書房
ベルウッド , P.（2008）『農耕起源の人類史』（長田俊樹・佐藤洋一郎監訳）京都大学学術出版会
日本レクリエーション協会監修（1989）『遊びの大事典』東京書籍
森洋子（1989）『ブリューゲルの「子供の遊戯」――遊びの図像学』未來社
アイブル＝アイベスフェルト , I.（2001）『ヒューマン・エソロジー――人間行動の生物学』（日高敏隆監修 , 桃木暁子訳）ミネルヴァ書房
大村敦志（2008）『ルールはなぜあるのだろう――スポーツから法を考える』岩波書店
中村敏雄（1995）『スポーツルール学への序章』大修館書店
武藤芳照（1993）「スポーツにおける性差」（東京大学公開講座57『性差と文化』）東京大学出版会
レイティ, J. J.（2009）『脳を鍛えるには運動しかない！――最新科学でわかった脳細胞の増やし方』（野中香方子訳）ＮＨＫ出版
長谷川寿一・長谷川眞理子（2000）『進化と人間行動』東京大学出版会
エリオット , L.（2010）『女の子脳 男の子脳――神経科学から見る子どもの育て方』（竹田円訳）ＮＨＫ出版
皆本二三江（1986）『絵が語る男女の性差――幼児画から源氏物語絵巻まで』東京書籍

B., & パテル , N. H. (2009)『進化――分子・個体・生態系』(宮田隆・星山大介監訳) メディカル・サイエンス・インターナショナル
丹治順 (2009)『脳と運動――アクションを実行させる脳 (第2版)』共立出版
クリングバーグ , T. (2011)『オーバーフローする脳――ワーキングメモリの限界への挑戦』(苧阪直行訳) 新曜社
森口佑介 (2012)『わたしを律するわたし――子どもの抑制機能の発達』京都大学学術出版会
酒井邦嘉 (2002)『言語の脳科学――脳はどのようにことばを生みだすか』中央公論新社
コーバリス , M. (2008)『言葉は身振りから進化した――進化心理学が探る言語の起源』(大久保街亜訳) 勁草書房
ライマー, R. (1995)『隔絶された少女の記録』(片山陽子訳) 晶文社
ヒコック , G., ベルージ , U. &クリマ , E.S. (2001)「手話失語から探るメカニズム」(武居渡・正高信男訳) 日経サイエンス , 9月号 , 18-26.
バットロ , A. (2008)『半分の脳――少年ニコの認知発達とピアジェ理論』(河内十郎・河内薫訳) 医学書院
ＮＨＫ「病の起源」取材班 (編) (2009)『ＮＨＫスペシャル 病の起源 2――読字障害／糖尿病／アレルギー』ＮＨＫ出版
カスパーリ , R. (2011)「祖父母がもたらした社会の進化」日経サイエンス , 12月号 , 59-64.
ルイス＝ウィリアムズ , D. (2012)『洞窟のなかの心』(港千尋訳) 講談社
Jones, S., Martin, R. & Pilbeam, D. (eds.) (1994) *The Cambridge Encyclopedia of Human Evolution*. Cambridge: Cambridge University Press.
Pin, R. (2011) *L'Origine de l'Homme : La Fascinante Aventure de l'Espèce Humaine*. Paris : Editions ESI.
Klein, R.G. (2009) *The Human Career: Human Biological and Cultural Origins*. Chicago: University of Chicago Press.
McBrearty, S. & Brooks, A.S. (2000) The revolution that wasn't: A new interpretation of the origin of modern human behavior. *Journal of Human Evolution*, 39, 453-563.
Schick, K.D. & Toth, N. (1995) *Making Silent Stones Speak: Human Evolution and the Dawn of Technology*. London: Phoenix.
Coolidge, F.L. & Wynn, T. (2009) *The Rise of Homo Sapiens: The Evolution of Modern Thinking*. Chichester, West Sussex: Wiley-Blackwell.

文献案内

第一部

ブラウン, D.（2002）『ヒューマン・ユニヴァーサルズ――文化相対主義から普遍性の認識へ』（鈴木光太郎・中村潔訳）新曜社

テイラー, J.（2013）『われらはチンパンジーにあらず――ヒト遺伝子の探求』（鈴木光太郎訳）新曜社

ウィンストン, R.（2008）『人間の本能――心にひそむ進化の過去』（鈴木光太郎訳）新曜社

ボイド, R. &シルク, G. B.（2011）『ヒトはどのように進化してきたか』（松本晶子・小田亮監訳）ミネルヴァ書房

アグニュー, N. &ドマ, M.（1999）「再び眠りにつく360万年前の人類の足跡」（内田亮子訳）日経サイエンス, 1月号,46-57.

ウォルター, C.（2007）『この6つのおかげでヒトは進化した――つま先・親指・のど・笑い・涙・キス』（梶山あゆみ訳）早川書房

ＮＨＫ「病の起源」取材班（編）（2009）『ＮＨＫスペシャル 病の起源 1――睡眠時無呼吸症／骨と皮膚の病／腰痛』ＮＨＫ出版

海部陽介（2005）『人類がたどってきた道――“文化の多様化”の起源を探る』ＮＨＫ出版

印東道子（編）（2012）『人類大移動――アフリカからイースター島へ』朝日新聞出版

ルロワ＝グーラン, A.（2012）『身ぶりと言葉』（荒木亨訳）筑摩書房

ゴタス, T.（2011）『なぜ人は走るのか――ランニングの人類史』（楡井浩一訳）筑摩書房

アッシュクロフト, F.（2008）『人間はどこまで耐えられるのか』（矢羽野薫訳）河出書房新社

クライン, R. G. &エドガー, B.（2004）『5万年前に人類に何が起きたか？――意識のビッグバン』（鈴木淑美訳）新書館

赤澤威（編）（2005）『ネアンデルタール人の正体――彼らの「悩み」に迫る』朝日新聞社

小野昭（2012）『ネアンデルタール人――奇跡の再発見』朝日新聞出版

ランガム, R.（2010）『火の賜物――ヒトは料理で進化した』（依田卓巳訳）ＮＴＴ出版

バートン, N. H., ブリッグス, D. E., アイゼン, J. A., ゴールドステイン, D.

ちくま新書
1018

ヒトの心《こころ》はどう進化《しんか》したのか
——狩猟採集生活《しゅりょうさいしゅうせいかつ》が生《う》んだもの

二〇一三年六月一〇日　第一刷発行

著者　鈴木光太郎（すずき・こうたろう）

発行者　熊沢敏之

発行所　株式会社　筑摩書房
東京都台東区蔵前二-五-三　郵便番号一一一-八七五五
振替〇〇一六〇-八-四一二三

装幀者　間村俊一

印刷・製本　三松堂印刷　株式会社

乱丁・落丁本の場合は、左記宛にご送付下さい。
送料小社負担でお取り替えいたします。
ご注文・お問い合わせも左記へお願いいたします。
〒三三一-八五〇七　さいたま市北区櫛引町二-六〇四
筑摩書房サービスセンター　電話〇四八-六五一-〇〇五三

ISBN978-4-480-06720-3 C0245

ちくま新書

710
友だち地獄
――「空気を読む」世代のサバイバル
土井隆義
周囲から浮かないよう気を遣い、その場の空気を読もうとするケータイ世代。いじめ、ひきこもり、リストカットなどから、若い人たちのキツさと希望のありかを描く。

772
学歴分断社会
吉川徹
格差問題を生む主たる原因は学歴にある。そして今、日本社会は大卒か非大卒かに分断されてきた。そのメカニズムを解明し、問題点を指摘し、今後を展望する。

787
日本の殺人
河合幹雄
殺人者は、なぜ、どのように犯行におよんだのか。彼らにはどんな刑罰が与えられ、出所後はどう生活しているか……。仔細な検証から見えた人殺したちの実像とは。

853
地域再生の罠
――なぜ市民と地方は豊かになれないのか?
久繁哲之介
活性化は間違いだらけだ! 多くは専門家らが独善的に行う施策にすぎず、そのために衰退は深まっている。このカラクリを暴き、市民のための地域再生を示す。

941
限界集落の真実
――過疎の村は消えるか?
山下祐介
「限界集落はどこも消滅寸前」は嘘である。危機を煽り立てるだけの報道や、カネによる解決に終始する政府の過疎対策の誤りを正し、真の地域再生とは何かを考える。

937
階級都市
――格差が街を侵食する
橋本健二
街には格差があふれている。古くは「山の手」「下町」と身分によって分断されていたが、現在もその構図は変わっていない。宿命づけられた階級都市のリアルに迫る。

817
教育の職業的意義
――若者、学校、社会をつなぐ
本田由紀
このままでは、教育も仕事も、若者たちにとって壮大な詐欺でしかない。教育と社会との壊れた連環を修復し、日本社会の再編を考える。

ちくま新書

ちくま新書

391
「心」はあるのか
――シリーズ・人間学①
橋爪大三郎
「心」の存在が疑われることは、あまりない。が、本当に「心」は存在するのだろうか？　この問題を徹底検証し、私たちの常識を覆す。スリリングな社会学の試み。

395
「こころ」の本質とは何か
――統合失調症・自閉症・不登校のふしぎ
シリーズ・人間学⑤
滝川一廣
統合失調症、自閉症、不登校――。これら三つの「こころ」の姿に光を当て、「個的」でありながら「共同的」でもある「こころ」の本質に迫る、精神医学の試み。

377
人はなぜ「美しい」がわかるのか
橋本治
「美しい」とはどういう心の働きなのか？「合理性」や「カッコよさ」とはどう違うのか？　日本の古典や美術に造詣の深い、活字の鉄人による「美」をめぐる人生論。

764
日本人はなぜ「さようなら」と別れるのか
竹内整一
一般に、世界の別れ言葉は「神の身許によくあれかし」、「また会いましょう」、「お元気で」の三つだが、日本人にだけ「さようなら」がある。その精神史を探究する。

910
現代文明論講義
――ニヒリズムをめぐる京大生との対話
佐伯啓思
殺人は悪か？　民主主義はなぜ機能しないのか？――ニヒリズムという病が生み出す現代社会に特有の難問について学生と討議する。思想と哲学がわかる入門講義。

769
独学の精神
前田英樹
無教養な人間の山を生んだ教育制度。世にはびこる賢しらな教育論。そこに決定的に欠けた視座とは？　身ひとつで学び生きるという人間本来のあり方から説く学問論。

569
無思想の発見
養老孟司
日本人はなぜ無思想なのか。それはつまり、「ゼロ」のようなものではないか。「無思想の思想」を手がかりに、日本が抱える諸問題を論じ、閉塞した現代に風穴を開ける。

986
科学の限界
池内了
原発事故、地震予知の失敗は科学の限界を露呈した。科学に何が可能で、何をすべきなのか。科学者の倫理を問い直し「人間を大切にする科学」への回帰を提唱する。

808
高校生のための科学キーワード100
久我羅内
宇宙はどんな形なのか。脳はどこまで神秘的か。怖い病気もいずれ治療できる？……相対性理論や量子力学から遺伝と進化の不思議まで、最新科学をわかりやすく解説。

068
自然保護を問いなおす
——環境倫理とネットワーク
鬼頭秀一
「自然との共生」とは何か。欧米の環境思想の系譜をたどりつつ、世界遺産に指定された白神山地のブナ原生林を例に自然保護を鋭く問いなおす新しい環境問題入門。

584
日本の花〈カラー新書〉
柳宗民
日本の花はいささか地味ではあるけれど、しみじみとした美しさを漂わせている。健気で可憐な花々は、知れば知るほど面白い。育成のコツも指南する味わい深い観賞記。

968
植物からの警告
湯浅浩史
いま、世界各地で生態系に大変化が生じている。植物と人間のいとなみの関わりを解説しながら、環境変動の実態を現場から報告する。ふしぎな植物のカラー写真満載。

793
害虫の誕生
——虫からみた日本史
瀬戸口明久
ゴキブリ、ハエ、シラミ、江戸時代には害虫でなかったのはどれ？　忌み嫌われる害虫の歴史に焦点をあて、環境史の観点から自然と人間の関係性をいま問いなおす。

795
賢い皮膚
——思考する最大の〈臓器〉
傳田光洋
外界と人体の境目——皮膚。様々な機能を担っているが、驚くべきは脳に比肩するその精妙で自律的なメカニズムである。薄皮の秘められた世界をとくとご堪能あれ。

ちくま新書

879
ヒトの進化 七〇〇万年史
河合信和
画期的な化石の発見が相次ぎ、人類史はいま大幅な書き換えを迫られている。つい一万数千年前まで生きていた謎の小型人類など、最新の発掘成果と学説を解説する。

525
DNAから見た日本人
斎藤成也
急速に発展する分子人類学研究が描く、不思議で意外なDNAの遺伝子系図。東アジアのふきだまりに位置する〝日本列島人〟の歴史を、過去から未来まで展望する。

381
ヒトはどうして老いるのか
――老化・寿命の科学
田沼靖一
生命にとって「老い」と「死」とは何か。生命科学の成果をもとにその意味を問いながら、人間だけに与えられた長い老いの時間を、豊かに生きるためのヒントを提示する。

363
からだを読む
養老孟司
自分のものなのに、人はからだのことを知らない。たまにはからだのことを考えてもいいのではないか。口から始まって肛門まで、知られざる人体内部の詳細を見る。

339
「わかる」とはどういうことか
――認識の脳科学
山鳥重
人はどんなときに「あ、わかった」「わけがわからない」などと感じるのか。そのとき脳では何が起こっているのだろう。認識と思考の仕組みを説き明す刺激的な試み。

434
意識とはなにか
――〈私〉を生成する脳
茂木健一郎
物質である脳が意識を生みだすのはなぜか？　すべてを感じる存在としての〈私〉とは何ものか？　人類に残された究極の問いに、既存の科学を超えて新境地を展開！

942
人間とはどういう生物か
――心・脳・意識のふしぎを解く
石川幹人
人間とは何だろうか。古くから問われてきたこの問いに、認知科学、情報科学、生命論、進化論、量子力学などを横断しながらアプローチを試みる知的冒険の書。